成长也是一种美好

思考+

6种力量成就更好的自己

黎 雅/著

人民邮电出版社

北京

图书在版编目（CIP）数据

思考+：6种力量成就更好的自己 / 黎雅著. -- 北京：人民邮电出版社，2022.9
ISBN 978-7-115-58184-6

Ⅰ．①思… Ⅱ．①黎… Ⅲ．①思维方法 Ⅳ．①B80

中国版本图书馆CIP数据核字(2021)第251041号

- ◆ 著　　黎　雅
  责任编辑　刘艳静
  责任印制　周昇亮
- ◆ 人民邮电出版社出版发行　北京市丰台区成寿寺路11号
  邮编 100164　电子邮件 315@ptpress.com.cn
  网址 https://www.ptpress.com.cn
  天津千鹤文化传播有限公司印刷
- ◆ 开本：880×1230　1/32
  印张：6.5　　　　　　　　　2022年9月第1版
  字数：164千字　　　　　　　2022年9月天津第1次印刷

定　价：59.80元

读者服务热线：(010) 81055522　印装质量热线：(010) 81055316
反盗版热线：(010) 81055315
广告经营许可证：京东市监广登字 20170147 号

女儿的信

亲爱的妈妈：

您好！很高兴又一次成为您新书的第一个读者。这次是拜读您的新作《思考+：6种力量成就更好的自己》。

读完这本书，我思绪万千，想起了许多往事。

一晃眼，我31岁了。在生活中，我已经是两个女孩（一个5岁，一个3岁）的妈妈；在工作中，我已经是一个酒店投资公司的投资部总监。

时光飞逝，回顾我自己的成长经历，我深切体会到您的思维方式带给我的影响以及有质量的思考带给我的变化。是思考，让我有机会一次又一次地规划自己的人生；是思考，让我走出了一条属于自己的路。

在这条路上，有很多关于思考的真实故事让我记忆犹新。每一个故事中其实都包含着经过认真思考做出的重大选择。

这里，我主要讲3个思考对我人生产生重大影响的故事。

第一个故事，是我第一次深入思考自己到底想要什么，那一年我 19 岁。我认为那是我自己在决定以后要走什么路的思考中迈出的第一步。在刚上大学时，我学的专业是经济学，当时我的初步梦想是做与酒店相关的工作。在上大二时，我一度不想继续上学了，甚至每天都在查哪家酒店在招聘人员，非常想找家酒店去应聘。这里，要特别感谢您，您当时没有直接说不行，而是鼓励我去找几家酒店做访谈，然后让我自己思考到底想做与酒店相关的什么工作，是前台、营销、客房还是餐饮。其实，当时我什么都想做，任何事情我都可以从头做起。然而，当我不断问自己"更想要什么、更看重什么""我想做一个什么样的人""我的人生目标是什么""是想在某一家酒店工作，还是对其他酒店也感兴趣""是想做酒店运营的工作，还是想做酒店投资的工作"等问题时，我的思路渐渐变得清晰。

经过认真仔细的思考，我做出了抉择，确定了之后的工作方向是做酒店投资。因为酒店投资可以让人站得更高、看得更远，而且还会有更多发展可能，同时还能兼顾我的旅游爱好。基于深入的思考，我毅然选择了继续读书，同时从马里兰大学经济专业转到了史密斯商学院会计专业。事实证明，这次选择让我之后有机会朝着自己的既定目标前进。

第二个故事，是我第一次系统全面地进行思考的经历。2012 年，我明确了自己的人生梦想——做一名酒店投资分析师。然而，我学的专业是会计和金融，和成为一名酒店投资分析师还有一定的距离，那么如何才能实现这个目标？我开始认真思考实现目标的路径、原则和方法，设置了一个个阶段性目标。记得当我把自己全面思考后的想法呈现给您时，您显得很惊讶。功夫不负有心人，青出于蓝而胜于蓝嘛！最终，我用了整整10年的时间实现了自己的第一个人生梦想。

感谢您，创作了关于我十年磨一剑的励志故事《追梦人》。您为了激励更多像我一样的年轻人，亲自朗读了这个故事，并将音频放在了喜马拉雅App的"黎雅之声"上。这次我很高兴地看到您把这个事例放在了书里。我真心希望我的例子能够让更多像我一样的年轻人开启思考之旅，同时，坚信思考的力量，坚持自己的梦想，坚定自己走的路，尽早实现自己的目标。思考无止境。不瞒您说，我现在已经开始向我的第二个人生梦想进发，并且已经迈出了坚实的步伐，第一个阶段性目标就是完成瑞士洛桑酒店管理学院的MBA学业。

第三个故事，是我第一次用您的人生选择五法则对自己想要采取的行动做出选择。我真的很佩服您能总结出这么好的决策方法，既实用，又高效。我最大的兴趣爱好就是到世界各地旅游，按照您的人生选择五法则——想做、可控、持续、有益、传承，我思考了自己的选择。旅游是我想做的，也是可控的、可持续的、有益的，但是我一直没有从可传承这个角度想过它。为了留下可传承的东西，我进行了认认真真的思考并结合了自身的实际情况，我认为做到有所传承的最好方式是将自己所到之处的景色和食物记录下来，做成视频，放到网上。

我的这个想法在很大程度上也受到了您所做的事情的启发和鼓舞。一方面，您能够说到做到、知行合一，这一点令我钦佩。您在喜马拉雅App上已经有200多条音频，在唱吧上有600多首歌，您已经出版了7本书和2本译著。还有，最让我感动的是，为了有所传承，您还将自己的书法作品和油画作品印刷了出来，同时还放在了您的博客和微博上。另一方面，您为了支持我，特意在我过生日那天送了我一个录视频的设备。从那时起，我就带着它游走世界。我还为此自学了如何制作视频，并开始制作视频。我已经把我制作的这些视频放在了B站"瑞小秋的大世界"上。我的生活目标是在40岁前，旅游50个国家。疫情期间，因为无法出国，我还想办法从网上订购了各国零食，把拆包视频也放在了网上。

我始终相信，您书里的这些方法是可行的、实用的，是一定能帮助很多年轻人的。因为我几乎都使用过、思考过、实践过，并且取得过成效。毕竟19到35岁的年轻人的人生经历通常并不多，在成长道路上容易出现各种各样的困惑。您的方法犹如及时雨，会滋润我们的心田。我知道，不是所有人都会像您这样做，而您愿意将您30多年间总结出的经验和方法传承下来，让年轻人少走弯路，对我们来说十分珍贵。看到您这次在书里又提到了此方法，还增加了六因素法，我很开心。在未来的道路上，我会将它们用在我的实际工作、生活和学习中。

  我感恩您和思考带给我的一切。迄今为止，我对自己的任何一次重大选择都无怨无悔。换句话说，如果没有当初的思考和选择，就不可能有现在的我。

  思考永无止境，我会继续砥砺前行。

  很多人羡慕我有您这样的妈妈，现在好了，您成了所有年轻人的"知心妈妈"。

  有您伴随成长，真好！

女儿 梦蕊

2022 年 3 月

序

我决定在退休前再写一本书,专门写思考。

思考的重要性毋庸置疑,从以下 4 则名言中便可得知。

"学而不思则罔,思而不学则殆。"

——孔子

"人生最终的价值在于觉醒和思考的能力,而不只在于生存。"

——亚里士多德

"播种思想,收获行动;播种行动,收获习惯;播种习惯,收获品格;播种品格,收获命运。"

——萨穆尔·斯迈尔

"思维的质量决定未来的质量。"

——爱德华·德·博诺

回想自己走过的路,我确确实实感受到思考是极其重要的,同时，也真真切切体验了收获命运和实现价值的过程。

我感恩思考带给我的一切。

迄今为止，我共经历了 15 个工作岗位和 6 次大跨度的转型，做过的工作有教育、编辑、战略咨询、国内市场开拓、海外拓展、供应链管理等。

22 岁那年，我大学毕业参加工作。2 年后，我考上了在职研究生，当时只是想要个文凭。二十七八岁时，我经历了结婚、怀孕、生孩子、休产假。可以说，在大学毕业后的 7 年里，我在工作上一事无成。

直到 29 岁，我做出了人生中的第一个重大选择：从事适合自己的工作，成为某研究所的一名杂志编辑。我的研究生导师曾和我说，我的文字表达能力、英语能力和沟通能力较好，适合做文字类、市场类、咨询类的工作。30 岁那年，我成为所内编辑室副主任；32 岁那年，我成为所内研究室主任；在之后的 3 年里，我一直担任国际互联网协议（Internet Protocol）领域项目研究负责人，为上级单位提供战略咨询；35 岁那年，我成为研究所副所长，这段经历让我有机会不断深入思考与实践，有机会为我国的 IP 技术、业务、标准、管制等方面的发展做出自己的贡献，成为我国 IP 电话发展的推动者之一。

38 岁那年，各种荣誉纷至沓来，我获得 4 个部级奖项，还获得了"中央国家机关优秀青年"称号。也是在那一年，我做出了人生中第二个重大选择：急流勇退，离开研究所，进入企业，开始挖掘自己在国际事务方面的潜力。

40岁那年，我面临人生中第三个重大选择，经过思考，我决定去开拓新的市场——那是一个白纸一般的市场，当时没有人愿意去。我带领团队经历了最艰苦的2年，让市场实现从无到有的突破。当时和我一起开拓市场的团队成员个个非常精干。我们一起奋斗的每一幕场景如今仍历历在目，大家给予我的信任与支持，我会永远铭记于心。40岁这一年也是我人生中最重要的一年，我被任命为分管市场拓展的副总经理，同时，被聘为教授级高级工程师。

54岁那年，我做出了人生中第四个重大选择，经过慎重思考，我选择主动离开管理岗位，全身心投入我最喜欢的培训事业。正如松浦弥太郎在《超越期待：松浦弥太郎的人生经营原则》里所说："重要的是要能找到值得自己赌上人生的工作。"[1]迄今为止，我已连续多年被评为优秀集团级（特聘）内训师。

如果问我，人生中有什么让我后悔的事，我想是没能尽早开始思考自己的人生目标。假设我能重新再来，我一定会选择从更早的时间开始思考，在19—35岁就设定好自己的人生目标，让人生变得更加充实和有意义，也能更早实现自己的梦想。我羡慕我的女儿，受到我的影响，她很早就开始思考自己的人生，并在27岁那年实现了她的第一个人生梦想。而我的第一个人生梦想实现于我 50 岁那年——出版了我的第一本书。

  我想，正是思考的力量让她更早地实现了人生梦想，希望读到这本书的你也能拥有同样的收获。

  现在，很多年轻人既希望可以"躺平"，又想实现财务自由，过上有钱、有闲的生活。殊不知，进入职场，你的人生才刚刚开始，你需要经常面对各种选择。人生就是不断做选择的过程，不同的选择会导致不同的结果。有的时候，正确的选择会让人生一帆风顺，错误的选择则会造成满盘皆输的局面。而思考，是让我们做出正确选择的有力工具。

  除了选择，还有奋斗。天上是不会掉馅饼的。"幸福都是奋斗出来的"。想奋斗，需要有明确的目标，你必须事先思考清楚目标，只有思考清楚了，你的人生才不会盲动，行动才会有的放矢。

  我之所以把本书命名为"思考+"，是想说，无论你做什么事，思考都是不可或缺的，只要认真思考，定能产生不一样的结果，获得不同寻常的感觉。

  这是一本讲述思考如何给人带来力量的书。本书共分为 6 章，力求用表格"思考"，用案例"说话"，用方法诠释，从多个维度阐述思考带来的 6 种力量——认知力、规划力、情绪力、敏捷力、决策力和行动力。本书共涉及 47 个贴近实际生活的案例和 69 个帮助思考的表格。

  我相信，书中提到的这 6 种力量，对于年轻人，尤其是 19—

35 岁的年轻人，将非常有帮助。书中提及的方法经过我 30 多年的思考与实践检验，是结合国内情况的、实际的、有效的、可操作的、简单易行的方法。这些方法能让你少走弯路，在短时间内脱颖而出，走出自己的路，成就更好的自己。

下面，就请你带上自己的问题和期望，跟随我开启你的思考之旅吧！

黎 雅

2022 年 3 月

目录

第 1 章　认知力：洞察自身潜能 1

1.1　自我认识：明白自己的真实想法 2

1.2　想象：超越现实设想 18

1.3　明理：对事态发展有明确的判断 24

1.4　抉择：独立且坚定的选择 27

1.5　小结 33

第 2 章　规划力：明确行动指南 35

2.1　聚焦：找出你在乎的关键点 36

2.2　破局：找到解决问题的突破口 38

2.3　反思：找到自主可控的思路 44

2.4　使目标清晰化：让理想照进现实 53

2.5　小结 68

第3章 情绪力：富足生命能量 71

3.1 停止纠结：事先设定自己的原则 74

3.2 停止争论：基于原则展开讨论 81

3.3 停止攀比：追求内心富足 84

3.4 停止忧虑：找到适合自己的方法 91

3.5 小结 98

第4章 敏捷力：拓展多维思路 101

4.1 问题界定：用一句话表达清楚 102

4.2 内涵法：从初始想法中获得更多方法 109

4.3 实物法：从物体特性引发创新的想法 111

4.4 应用案例：感受方法的魅力 113

4.5 小结 125

第5章 决策力：适配关键因素 127

5.1 场景划分：快速选出适合的决策方法 128

5.2 六因素法：基于看重因素的决策法 130

5.3 五法则法：基于人生追求的决策法 135

5.4 应用案例：感受方法的实用性 142

5.5 小结 151

第6章 行动力：成就知行合一 153

- 6.1 明确目标是前提 154
- 6.2 做好计划是关键 155
- 6.3 坚持不懈是保障 158
- 6.4 收获成果是体现 161
- 6.5 小结 176

参考文献 179

读者来信 183

后记 187

第1章

认知力：洞察自身潜能

"不要告诉我别人怎么看你，告诉我你怎么看你自己。"

——埃莉诺·郎登

"我们不必羡慕他人的才能，也无须悲叹自己的平庸，各人都有他的个性魅力。最重要的就是认识自己的个性，并加以发展。"

——松下幸之助

你了解自己吗？可能很多人会说，谁不了解自己呀！

但如果有人问你："你是一个什么样的人？"你会怎样回答？

对于这样一个看似简单又平常的问题，你是会陷入思考，还是会很快做出回答？

如果你能很快做出回答，说明你之前思考过这个问题，你对自己有一定的认知力。

我很认同《认知觉醒：开启自我改变的原动力》[2]中的一句话："人与人之间的根本差异是认知能力上的差异，因为认知影响选择，而选择改变命运，所以成长的本质就是让大脑的认知变得更加清晰。"

《学会写作：自我进阶的高效方法》一书中提到："思考能力决定你的认知水平，认知水平决定你的判断力，判断力决定你的选择力，千千万万个选择构成了你的一生，决定了你一生的命运。思考质量高的人，注定会拥有更好的人生。"[3]

换句话说，没有思考，就缺少认知力，更不可能有好的自我认知。通过主动积极的思考，你可以充分调用提高认知力的4种潜能：自我认识、想象、明理和抉择。

1.1　自我认识：明白自己的真实想法

老子说："知人者智，自知者明。"

克里希那穆提在《一生的学习》里写道："无知的人并不是没有学问的人，而是不明了自己的人……了解由自我认识而来，而自我认识，乃是一个人明白他自己的整个心理过程。"[4]

自我认识其实是对自己的思想、情绪及行为的审视。

要想衡量一个人是否具有较好的自我认识能力，可以让其快速回答 3 个与自身密切相关的问题（见表 1-1）。

表 1-1 快速衡量关于自我认识能力的 3 个问题

序号	问题	你的回答
1	你有哪些优点	
2	工作中你最看重什么	
3	生活中你最珍视什么	

其中，"你有哪些优点"可以通过思考和审视你以往的行为得出。如果你能在 2 分钟内写出 3~5 个优点，说明你对自己有一定的自我认识；如果能写出 5 个以上，说明你有较好的自我认识；如果能写出 10 个以上，说明你对自己有很好的自我认识；但如果你只能写出 1~2 个，说明你还缺少自我认识。

"工作中你最看重什么"和"生活中你最珍视什么"可以通过审视自己的思想、情绪得出。如果你能在 2 分钟内写出 3 个以上的回答，说明你之前对此问题有过思考；如果你不能给出明确的回答，说明你之前对此没有思考，或还没有思考清楚。

你可能会说，为什么是这 3 个问题？因为这 3 个问题与你的自我认识直接相关并且简单明了，它们也是任何人都可以回答的问题。

下面我将对"你有哪些优点"这个简单而又普通的问题进行重点阐述。

每个人都有优点，但并不是每个人都能清楚而准确地认识到自己的优点，能被清楚而准确地认识到的优点才是真正的优点。

如果一个人不能认识到自己的优点，那么，他可能会拥有一个弱点——缺少自信，并进一步导致行为变得被动消极，甚至人也变得自卑。例如，一个人如果没有意识到自身的领导能力，就有可能在面对重大事件时打退堂鼓，或将机会拱手让给别人，从而失去难得的锻炼机会与自我成长的机会。

每个人对自己的优点的认识程度是不同的。然而，自我认识程度并不是自己说了算的，还需要结合别人的评价。这里，我用4个象限来表示自我认识程度（见图1-1）。

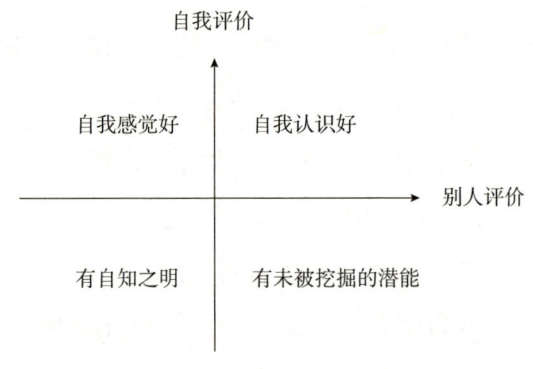

图1-1 自我认识程度示意图

如果你对自我的评价是正面的，且与别人对你的评价一致，说明你的自我认识好。

如果你对自我的评价是负面的,且与别人对你的评价一致,说明你有自知之明。

如果你对自我的评价是正面的,但别人对你的评价与你的自我评价相反,说明你自我感觉好。例如,有人认为自己沟通能力很强,然而在别人看来,他可能只是一个爱表达的人,经常说不到点子上,还影响办事的效率和结果,那么这个人的自我认识就处于"自我感觉好"的象限。

如果别人能给予你好的评价,评价的又是你之前没有认识到的优点,说明你有未被挖掘的潜能。今后,你可以通过行动证实或挖掘它们,从而提升自我认识水平。

要想充分认识自己的优点,可以采取 3 种方法:对应法、提取法和挖掘法。

对应法:结合自身实例,思考自己是否具备人们经常提及的自己具备的优点(见表 1-2)。

表 1-2 找到你的优点示例

序号	优点	提及此优点的人
1	正直	上司、Z 同事
2	成熟	
3	富足	L 同事、J 朋友
4	积极	

（续表）

序号	优点	提及此优点的人
5	乐观	同事、朋友、家人
6	平和	
7	谦虚	
8	自信	
9	孝顺	
10	真诚	
11	忠诚	
12	懂得感恩	
13	乐于助人	
14	善于沟通	
15	爱好广泛	
16	做事认真	
17	有计划	
18	有原则	
19	有目标	
20	有担当	

注：请你回想以往的经历，在你的符合项处写出实例，最好能具体到人。要以自己的真实事例为根据。

因篇幅有限，表1-2中仅列出20项优点，读者可根据自己的实际情况进行增删。

第1章 认知力：洞察自身潜能

提取法：从别人的评价中提取优点（见表1-3）。

表1-3 从别人的评价中提取优点示例

序号	角色	说过的话	提取的优点
1	老师	多才多艺	兴趣广泛
2	同事	值得信任	品格好 能力强
3	朋友	从不与别人攀比 不会情绪化	成熟 平和
4	家人	总是充满正能量	乐观

通常情况下，从别人的评价中提取自己的优点，对你进一步挖掘自身优势、提高自我认识水平大有好处。

案例1-1：以家人发现优点为例

毕加索，世界著名绘画大师、立体画派创始人。他很有艺术天赋，被称为绘画天才。然而，他却不是一个好学生，尤其对算术一窍不通。当时，几乎所有人都认为他是一个傻瓜，只有毕加索的父亲坚定不移地相信自己的儿子极具绘画天赋。他对儿子说："不会算术并不代表你一无是处，你依然是个绘画天才。"

在父亲的鼓励下，毕加索找回了自信，并且在绘画的道路上坚定地走了下去，最终取得了惊人的成就。毕加索一生共创作3万多幅作品，其中《亚威农少女》是第一幅被认为有立体主义倾向的作品，是一幅具有里程碑意义的杰作。

这个例子告诉我们：父母是发现孩子优点的第一人，只要用心发现、勇于表达、给予支持，你的孩子终将有所成就。

案例 1-2：以老师发现优点为例

L 同学在报考大学之际，班主任曾明确地跟她说："你比较适合当老师，建议报考师范大学。"班主任的话让她隐约认识到自己身上原来具有成为老师的潜质和优势，如具有较好的表达能力和沟通能力、善于发现、有爱心、愿意看到别人的成长等。

尽管后来由于各种原因，她没有选择师范学校，而是选择了工科学校，但从那时起，成为一名老师就成了她明确的愿望。

基于这个愿望，她大学毕业后选择的第一份工作就是加入某个单位的教育处，成为一名在职教育工作者。

让她感到兴奋的是，在新中国第一个教师节（1985.9.10），她作为教师获得了奖励。在之后的若干年里，尽管岗位一直在变，但她对教育事业的那份情怀没有变。再后来，她进入一家企业。

正是这份情怀，让她除了做自己的本职工作，还成了企业的一名内训师；正是这份情怀，让她在这个岗位上一做就是 20 年；正是这份情怀，督促她砥砺前行，越做越好，开发出许多受欢迎的课程，并连续多年获得企业优秀内训师的称号。

这个例子告诉我们：老师发现优点这件事十分重要，它能让人提升自信，给人指明方向，催人不懈追求，助人实现梦想。

通常，你的老师、同事、朋友、家人等更容易发现你真正的优点。你需要做的是把他们的正面评价记在心里,之后一旦有机会,就要毫不犹豫地发挥它们的最大价值。

挖掘法:从自己仍记忆犹新的经历中提炼优点。

可能有些人会说,在生活中,没有人提到过我的优点,自己也记不住别人说过什么。在这种情况下,我们该如何发现自己的优点呢?或者说,如何发现自己最擅长的东西是什么呢?

松浦弥太郎在《超越期待》一书中提到:"如果不明白自己擅长什么,那就尝试详细地回顾自己以往的工作吧,其中应该有一些自己做得出色、迅速、正确、专注的事情。"[1]

你可以通过自己过往的工作、学习、生活经历来挖掘自己潜在的优点。

挖掘优点时,你只需做到以小见大,从一件事的表象看到其背后持久闪光的东西,包括优秀的能力和优良的品格。

表1-4可以帮你挖掘潜在优点。

表1-4 挖掘潜在优点示例

场景	你仍记忆犹新的经历	由此发掘的潜在优点
工作	开发新领域	有开拓能力等

（续表）

场景	你仍记忆犹新的经历	由此发掘的潜在优点
学习	大学四年在理工科学习	逻辑思维能力较强等
生活	与家人相处融洽	沟通能力较强等

这里特别强调一下，从你自身经历出发所发掘的优点，是专属于你自己的优点。如果你能够充分利用这些优点，它们将会形成你特有的优势。一个人如果能充分利用其特有优势，必将在未来激烈的竞争中立于不败之地。一个团队也是如此。

案例1-3：以发现差异化优势为例

某企业通常会在年底举办一个联欢会，相当于该企业的"春晚"。在联欢会上，每个部门都会表演一个节目。通常，节目的表现形式不外乎唱歌、跳舞、演奏乐器和表演小品等。同时，每个部门会根据自己部门的某个主要优势来选择节目的表现形式，通常只是以上形式中的一种。因此，每年的节目都大同小异，尽管大家在观看时比较欢乐，然而被人记住的节目很少。有一年，一个部门以"刘姥姥进大观园"的表现手法,将部门中所有的个体优势都展现了出来,涉及唱歌、跳舞、朗诵、太极、手风琴、小提琴、二胡、小品等,他们把这些表演内容统统串了起来,形成了这个部门的差异化优势,使这个节目在众多节目中脱颖而出。尽管十多年过去了,这个节目仍会被人提起。

这个例子告诉我们:一个团队,如果能充分挖掘自身的各种优势,并努力将它们发挥到极致,就会形成自身的竞争性优势,并且不易被替代。

再举一个例子。

2012年,我的第一本书《66348,女儿成长密码》[5]正式出版。我从2000年开始思考该如何写这本书,12年间,我思考了很多。市面上关于孩子成长的书籍非常多,而我既不是教育家,也不是作家,为了让自己的书脱颖而出,我在动笔前做了一个表格,以便思考我的书想要具备的差异化优势(见表1-5)。

表1-5 差异化优势思考表

项目	同类畅销书的特点	本书的差异点
角度	教育家、作家、母亲	母亲 《高效能人士的七个习惯》[6]的实践者
内容	亲子教育	心智教育
架构	事件导向	方法导向、体系化
字数	10万字以上	5万字左右

(续表)

项目	同类畅销书的特点	本书的差异点
时间	某一时间段	从小学到大学毕业
主角	优秀的孩子	未上过重点学校、重点班的普通女孩
书名	《哈佛女孩刘亦婷：素质培养纪实》[7] 《好妈妈胜过好老师》[8] 《虎妈战歌：耶鲁法学院教授的育儿战争》[9] 等	数字+主题

经由思考并结合自身实际，我的书真的在写作风格（理工女）、主人公定位（普通女孩）、时间跨度（16年）、内容（心智教育）、架构（方法导向）、字数（5万字左右）、书名（数字+主题）等方面体现了差异化优势。特别是关于如何起一个与众不同的书名，我思考了很久。我希望书名既能体现书的主旨，又能很快抓住人的眼球。最后，我决定书名用"数字+主题"的方式呈现，这样既能突出主旨，又新颖别致。"66348"指6个习惯、6种能力、3个角色、4种心态、8个选择，这种方式让这本书的心智教育体系跃然纸上。当时，以密码命名的书还很少（后来多了起来）。正是因为这一系列的思考，此书在当时一经出版很快成为当当、京东和亚马逊亲子教育品类的畅销书。我第一次深刻体会到了思考给我带来的前所未有的成就感。

以上内容教你解决了"你有哪些优点"这个问题，接下来我们来看看工作。

关于"工作中你最看重什么"这个问题,我问过很多人,大部分人都说没有想过,或者说,只有当某些事情发生后、不得不面对时,他们才知道自己最看重什么或不看重什么,然而真到了那个时候,后悔已晚。

在工作中,其实每个人想要的东西是不同的,或者说,他们看重的东西是不同的。因为每个人的家庭背景、所处环境、学习工作经历、追求的目标、三观等都是不同的。

进一步说,只有在面临重要或重大选择时,一个人才更容易让自己或别人明白其选择背后的东西,与此同时,人才会对自己有进一步的认识。

"种瓜得瓜,种豆得豆。"看重的东西不同,得到的东西自然不同。这是因为,一个人的想法会指导其行动,而行动会促使目标达成。

那么,在工作中,你最看重什么呢?请思考并填写表1-6。

表1-6 选择你在工作中看重的因素

序号	看重的因素	你的选择
1	工作内容	
2	表扬	
3	职业发展机会	

（续表）

序号	看重的因素	你的选择
4	升职	
5	多岗位经历	
6	个人薪资	
7	福利待遇	
8	成就感	
9	休假时间	
10	学习培训	
11	自主时间	
12	团队氛围	
13	办公环境	
14	上司的为人	
15	有所传承	

注：这里列出大家经常提起的15个因素，并没有严格进行分类。你可以根据自身情况进行思考并勾选。

请先勾选你认为对自己重要的3个因素，认真思考后对这3个因素进行排序。其中，排在第一位的是你最看重的因素，它将为你之后的选择提供重要依据。

第 1 章　认知力：洞察自身潜能

案例 1-4：以工作中最看重的因素为例

G 女士非常喜欢自己的工作性质。28 岁时，她工作时总是不辞辛苦、加班加点、任劳任怨，做了很多事，然而，却总受到上司的排挤、刁难和压制。那时，她几乎整天以泪洗面，过得很不开心，一度想放弃这份工作。后来，她不断地问自己，自己在工作中最看重的到底是什么，是工作本身，还是上司的为人？当她确定自己最看重的是工作本身，同时又无法改变别人时，她决定改变自己的心态，把这种情形当成在磨难中成长的机会。最终，她坚持了下来。两年后，她获得公司领导的信任，得到提任，成为某个新成立公司的高层管理者之一。

这个例子告诉我们，工作中，只要明确了自身最看重的因素，就会充满自信、避免纠结、懂得放下、成就自我。

M 先生大学毕业后从事的第一份工作就是他喜欢的工作。他的口头禅是"踏踏实实工作"和"群众的眼睛是雪亮的"。30 多年来，他说到做到，勤勤恳恳、兢兢业业地工作，并且从没离开过这家公司。让很多同学感到惊讶的是，尽管他没有像有些人一样在大学毕业后去考硕士研究生和博士研究生，但他在自己的岗位上不断成长，并且成长经历实属少见——先是被破格聘为工程师、高级工程师，再到被聘为教授级高级工程师，到后来被聘为首席科学家。踏实工作成为他在工作中最为看重的因素。正因为坚持不懈地踏实工作，他得到了组织上和同事们的信任。

这个例子告诉我们，工作中，只有明确了自身最看重的因素，你才会坚定不移地走下去，而不受外界的任何影响。任凭风浪起，稳坐钓鱼船。

在"生活中你最珍视什么"这个问题中，珍视指的是珍惜和重视。

处在不同阶段的人对此会有不同的选择。

你最珍视的因素往往是你的生活重心；把握生活重心，你才能不畏选择，不失所爱。

表 1-7 列出了 8 个你在生活中可能珍视的因素或生活重心，供你参考。请在思考后给出现阶段你的选择。

表 1-7 现阶段生活重心自问表

序号	最珍视的因素或生活重心	现阶段你的选择
1	孩子	
2	老人	
3	配偶/恋人	
4	朋友	
5	健康	
6	旅游	
7	娱乐	
8	美食	

第 1 章　认知力：洞察自身潜能

有的人可能会说，自己的生活重心不止一个，不同的人生阶段也可能有不同的生活重心。这时你要明白，你可以根据自己面临的选择来设定生活重心。

你只能选出你最看重的、与你面临的选择最相关的那一个。因为，如果时间和精力有限，你只能要一个；如果同时面对多个选择，你就会纠结。

案例 1-5：以生活中最珍视的因素为例

生活中，每个人都会有自己最珍视的因素，并且所处的人生阶段不同，最珍视的因素也不同。例如，在恋爱阶段，人可能会珍视对方的善良、正直或陪伴等，答案因人而异。

有个女孩，在国外读大学期间谈恋爱，恋爱阶段，她最珍视的是与男朋友的相互陪伴。然而，起初她的男朋友最珍视的是朋友，一旦朋友有事，他就会毫不犹豫地跑过去帮忙，因而忽视了对女孩的陪伴。一来二去，二人经常为此发生争吵，还差点分手。后来女孩向男朋友明确表达了自己的态度，并提出自己最希望得到的是他的陪伴。男朋友理解了女孩的感受，并做出了改变。他们在 2013 年 11 月登记结婚，走入婚姻殿堂。现在他们已经有了两个可爱的女儿。

这个例子告诉我们，要知道自己在每个阶段最珍视什么，并明确地说出来。如果两个人珍视的因素相近，就容易促进双方共同发展；反之，会阻碍双方和谐共进。

想必你已经有这样一种感受：上述问题看似非常简单、普通，回答起来却没有那么容易，有时还真的不能一下子说出答案。那么，问题到底出在哪里？问题就在于你可能从来没有主动、积极地思考过这些问题。正因为缺少思考，所以缺少对自己的基本判断，进而缺少自我认识。

1.2 想象：超越现实设想

爱因斯坦说："想象力比知识更重要，因为知识是有限的，而想象力概括着世界上的一切，推动着进步，并且是知识进步的源泉。"

俗话说，没有做不到，只有想不到。

可能有些人认为自己没有想象力，但其实，每个人都有想象力。正如菲奥娜·默登在《镜映思维：人在社会中的自我形成》一书中提到的："事实上，我们每个人都有想象力，也就是创意"。[10]

想象力是每个人都具有的潜能，只不过有的人经常调用，有的人很少调用。能够充分调用和发挥自己想象力的人，会离成功更近一步。

实际上，想象力是一个人超越其当前现实进行设想的能力。

如何才能了解我们的想象力呢？在我看来，可以通过设想法和回望法这2种方法测试个人想象力。

设想法：试着回答以下5个问题（见表1-8）。

第 1 章 认知力：洞察自身潜能

表 1-8 激发想象力的 5 个问题

序号	问题	你的回答
1	你的人生梦想是什么	
2	你的阶段性目标是什么	
3	你想在哪个方面成为专家	
4	你想拥有哪些值得别人尊敬的品格	
5	你想传承下去的是什么	

可能有些人会说，这些问题有的属于人生规划范畴，有的属于模仿学习范畴。然而，在我看来，这 5 个问题都属于测试你是否具有超越当前现实进行设想的能力的问题，它们可以使你的想象力变得更明显，更能让人感觉得到、看得见。从某种意义上讲，它们代表了最大的想象力。

如果你能很快针对上述任何一个问题给出明确的答案，就说明你有一定的超越当前现实进行设想的能力。在你思考人生梦想时尤其是这样，因为未来是未知的，所以你需要运用想象力，需要对未来有憧憬或幻想，关键是要调用超越当前现实进行设想的能力。关于"你的人生梦想是什么""你的阶段性目标是什么""你想在哪个方面成为专家"这 3 个问题，你需要基于自身实际情况，给出在一定时间内你想要达到的目标。例如，用 8—10 年的时间成为企业高管，用 3 年的时间拿到硕士学位，用 5 年的时间成为某领域的专家等。

这里重点说一下第 4 个和第 5 个问题。

关于"你想拥有哪些值得别人尊敬的品格"这个问题,我们经常听到有人在评论他人时说"×××是一个……的人"。那么,你想要成为一个具有何种品格的人呢?

《镜映思维:人在社会中的自我形成》[10]一书中提到,"每个人都会受到生命中出现的人的潜移默化的影响,会按照他们的行为模式行事"。对我们影响最大的是经常与我们沟通的人,是我们信任的人,是我们经常接触的人,这三类人也是我们经常学习或模仿的对象。

你可以通过表 1-9 思考一下你想成为一个什么样的人。

表 1-9 思考你想成为一个什么样的人

序号	问题	你的回答
1	谁对你产生过正面影响	
2	他的哪些品格是你愿意效仿的	
3	他的哪些特质是你平日最尊敬的	

对于上述 3 个问题的思考可以反映出你对自己的期望。期望就是一种对未来的想象。

在能够对你产生影响的人当中,最有可能产生正面影响的是你的父母、配偶、同事、朋友以及周围熟悉你的人,也有可能是某个公众人物，或是影视作品中的某个角色等。

这里说的正面影响，是指那些能够让你受到启发、触动、震撼，并促使你下定决心改变自己的影响。

人们经常会通过一些事情来了解一些人。在工作和生活中，某些人身上的某些品格往往会感染你，让你愿意效仿。

让你最尊敬的特质是你现阶段可能不具备，即使模仿也需要经过很长时间才能拥有的良好品质，属于比较高的追求。

案例1-6：以未来想拥有的品格为例

一个年轻人，一直在自觉或不自觉地学习和效仿工作中领导身上表现出的宽容、从容、富足等品格，想象着有朝一日成为他们的样子。经过近10年潜移默化的影响，现在别人也能从他的身上看到这些品格。这说明他也成了那样的人。可喜可贺。

一个年轻女孩，平日最尊敬她的父亲。她认为父亲具有工匠精神，做事精益求精、追求完美。受父亲的影响，这个女孩逐渐成为一个做事认真仔细、一丝不苟的人。初入职场时，她总能保质保量地完成工作，因此受到公司领导和同事的信任。

案例1-6中的这两个例子告诉我们：近朱者赤，近墨者黑。你最尊敬和想效仿的人，往往就是你想成为的人，在他们的影响下你可能会成为那样的人。

在"你想传承下去的是什么"这个问题中，想传承的东西既可以来自工作，也可以来自生活，包括一个人的贡献、完成的有意义的事件、能够留存的有价值的东西，以及对未来的人和事产生正面影响的东西等。

案例1-7：以想为社会留下什么为例

2008年，我所在的公司创建了供应链管理部，我作为创始人之一，开始致力于将自己的工作成果传承下去。我和同事们一同出台了一系列管理办法、制度、流程，敲定了一系列表单、季报、月报等的模板，发布了采购实施的案例库等。在离开管理岗位前，我出版了《采购那些年，采购那些事：一位资深采购管理者的八年实践经验总结》[11]一书①，这本书后来成为很多新进入采购领域的员工的宝典。其中，做好采购工作的四大法宝，即规范、沟通、留痕、做细等，已经受到广泛认同。

这个例子告诉我们，只有当你事先思考过或想象过要将哪些东西传承下去，你才会有足够的动力行动，最终才会取得实实在在的结果。否则，就像我们经常看到的那样，有许多人在工作中做了很多事，忙得焦头烂额，然而多年过去了，还是没有什么成就感。其症结就在于，他们从来就没有事先设想过自己要传承些什么。因此，结合自身实际情况，事先想象出未来想得到的东西至关重要。

---

① 此书作者署名为"章玫"，系本书作者曾用的一个笔名。——编者注

第1章 认知力：洞察自身潜能

回望法：回想曾经规划的事是否已实现（见表1-10）。

表1-10 测试你的想象力程度

序号	曾经规划的事	具体说明	是否已实现
1	人生规划		
2	目标设定		
3	策略制定		
4	系统设计		
5	市场策划		

在这5件事中，如果你经历过一个以上，并且已经部分实现或全部实现了，说明你具有一定的想象力。当然，可以规划的事远不止这5件，你也可以在其他方面发挥想象力。

案例1-8：以曾经规划的事为例

2002年，我负责一个新市场的拓展工作。当时我们所处的市场像一张白纸，这给了我们充分发挥想象力的机会。很快，基于公司的发展目标，我们通过思考和分析，提出了"与您同行，共赴信息化新时代"（Always with you）的口号。这个口号成为我们当时拓展新市场的切入点和突破口。在之后的两年里，我们配套推出了一系列面向政企客户的信息化解决方案，这很快成了我们的特色和亮点，新市场也因此得以迅速打开。

1998年，在我所做的战略研究课题中，我通过认真分析和深入思考对未来2—5年的业务发展做了预测和判断。令我欣慰的是，其中许多策略被采用，当时提出的很多预测后来也被证实，我因此成了学科带头人。同时，我也欣喜地发现，当时团队中的许多年轻人现已成为单位的中坚力量。

案例1-8中的这两个例子告诉我们，想象力能给人以指引，想象力有多远，人就能走多远。正如郑渊洁在《想象力是成功的源泉》[12]一书中所说，"想象力给你插上隐形的翅膀，使你成为能进行创造性劳动的人，飞跃人生事业的巅峰，一览众山小"。

1.3　明理：对事态发展有明确的判断

王阳明说："行者知之始，知者行之成。"

人人皆有"良知"，但每个人对事件的重要性及做事逻辑的判断是不相同的。即使针对同一个事物，人和人的判断也会存在差异。例如，有的人认为做某事好，而有的人则认为做某事不好。通过多年观察，我发现一个很有意思的情形：认为做某事好的人往往没有思考太多，他们会就事论事，主要看到事情的表面；认为做某件事不好的人则思考得更多，他们的结论背后有许多逻辑支撑其做出这样的判断。

只有事先对事物进行思考并初步形成自己的判断，才会逐渐形成自己对事物的认知。

设想一下，如果一个人能事先思考清楚是否做某事、知晓做与不做这件事可能给自己带来的影响，那么，他就会义无反顾地选择做还是不做。

大卫·科顿在《聪明人的魔法箱：68个工具快速解决问题》[13]一书中提到的笛卡儿逻辑法，可以帮助提出问题的人从多个角度探讨问题。你可以自己使用这种方法，也可以用于解决其他人遇到的问题（见表1-11）。

表1-11 笛卡儿逻辑法

	行动	不行动
哪些事情将会发生		
哪些事情将不会发生		

表1-11可以在以下4种情况下使用。

（1）当你需要确定自己是否已经从所有可能的角度出发对问题进行思考时。

（2）当有两种可能的解决方案让你左右为难时。

（3）当避免问题和解决问题同样可以达到目的时。

（4）当你想测试问题的某种解决方案时。

为方便记忆，我们采用表1-12来对事物带来的好处与坏处这两个方面进行事前思考。

表 1-12 明理思考表

是否做某事		
明理	好处	坏处
做这事		
不做这事		

此表看上去简单,但在你思考是否做某事时,先对思考做与不做这件事可能给你带来的好处和坏处进行基本判断,有助于你最终做出决定。

案例 1-9:以是否我行我素为例

在我出版《职场感悟:写给初入职场的人们》[14]这本书后,有一次 M 主编来做我的专访。她提到,她的许多"90 后"同事都有一个问题:"在工作岗位上是否可以我行我素?"我用表 1-12 的思考方法为她做了说明,并把思考结果给了他们(见表 1-13)。

表 1-13 明理思考表示例

是否我行我素		
明理	好处	坏处
我行我素	自己开心	容易被贴上不好的标签 发展机会受限
不我行我素	给人留下好印象 有发展机会	无法展示自己 没有满足感

我问他们，当你知道保持我行我素很有可能失去发展机会的时候，你会如何选择呢？答案显而易见。

这个例子告诉我们，当你对是否做某事产生困惑时，思考一下做与不做此事会带给你的影响，有助于你结合自身实际情况，做出自己的判断。

1.4 抉择：独立且坚定的选择

居里夫人说过："路要靠自己去走，才能越走越宽。"

稻盛和夫说过："秉持坚定的意志，一步一步、一天一天、踏踏实实努力的人，不管路程多么遥远和艰难，到时他一定能够登上人生的山顶。"

按照柯维先生的观点，抉择包含两个核心要素。一是不受外力影响，二是自行抉择。

在我看来，抉择和选择是不同的。抉择是人们对一生中遇到的重大事情或有重大影响的事项的选择。例如，选择所学的专业、报考的大学、入职的单位、恋爱的对象、成长的路径以及工作中重大事项的实施方案、岗位的变化等。而选择几乎天天发生，如生活中穿什么、吃什么、使用什么交通工具、走哪条路线，工作中做什么、先做哪个、先说哪个、请哪些人开会等。

与选择相比，抉择更具独立性和坚定性，发生的次数相对较少，但很关键。

如何才能独立又坚定地做出抉择呢？表 1-14 可以帮助你思考这一问题，请根据表 1-14 确定你看重的若干因素，然后进行排序，选出你最看重的前 3 项。

表 1-14　抉择因素思考表

抉择事项：		
序号	看重的因素	排序
1		
2		
3		
4		
5		
6		

注：请通过思考把你看重的因素列出来，然后对其进行排序，尤其要选出前 3 项。

案例 1-10：以大学选择为例

钱学森，空气动力学家、系统科学家，工程控制论创始人之一，中国科学院学部委员、中国工程院院士，两弹一星功勋奖章获得者。

相关报道显示，钱学森的一生中曾面临 5 次人生重大抉择。其中，第一次与报考大学有关。

第1章 认知力：洞察自身潜能

当时，钱学森的数学老师希望他报考数学系，国文老师希望他报考中文系，音乐老师、美术老师分别希望他去学作曲、学画画，而钱学森的母亲则希望他子承父业，从事教育行业。然而，此时的钱学森受到当时思潮的影响，打定主意要"实业报国"，成为像詹天佑一样的工程师。最后，钱学森报考了上海交通大学机械工程学院，学习铁道机械工程专业。

这个例子告诉我们，当一个人面临抉择时，其看重的主要因素将成为其做出选择的主导性因素和决定性因素，让其做出独立、坚定的选择，助其走上一条属于自己的路。

现如今，许多人在报考大学、选择专业时也会面临抉择问题。尤其是那些申请出国留学的人，他们或多或少都有过这样的经历。

正在读高三的R同学，同时拿到7个国外大学的录取通知书。当时，在择校问题上，很多亲朋好友都给出了意见和建议。他们考虑的因素主要包括学校排名、专业排名、地理位置、校内资源、实习机会、国内认可度等方面。然而，有的时候，鱼和熊掌不可兼得。每个学校都有自己的优点，关键是自己更看重什么。多数人给他的建议是选择排名靠前的学校，而他最终选择了一所他认为毕业后会有较好的实习和工作机会的学校。也就是说，实习机会是他最看重的因素。在他看来，上学是为了找到好工作，而找到好工作的前提是要有更好或更多的实习机会。10年过去了，他不后悔自己当时的选择，并且认为是非常正确的。

这里，仅以 R 同学当时的情况为例进行分析（见表 1-15）。

表 1-15　大学选择分析表

抉择事项：选择国外大学		
序号	看重的因素	排序
1	学校排名	
2	专业排名	
3	地理位置	③
4	校内资源	②
5	实习机会	①
6	国内认可度	

这个例子告诉我们，当面临重大选择时，如果需要考量的因素有很多，那么，你必须不断问自己最看重什么，并努力找出可以排在首位的因素。一旦排在首位的因素确定了，你会对之后的选择充满自信，并且不会后悔，因为你经过了认真思考。

案例 1-11：以体检机构选择为例

现如今，不管单位组织的还是自己选择的体检，都需要进行体检机构选择，你需要事先思考自己最看重的因素。表 1-16 可以帮助我们做出思考和选择。

表1-16 体检机构选择思考表

抉择事项：选择体检机构		
序号	看重的因素	排序
1	权威性	
2	参考性	
3	连续性	
4	服务性	
5	方便性	
6	舒适性	
7	多样性	

注：权威性是指是否为三甲医院或知名医院；参考性是指主要指标能否得到更多医院的认可；连续性是指是否具有同样的指标体系或同样的测试环境；服务性是指服务的优良性，如是否需求排队等；方便性是指便捷度，如离家或离单位的距离远近，是否容易到达；舒适性是指体检机构的环境是否让人感到舒服；多样性是指检查的项目是否多种多样。

如果这7项都是你想要的，那么，你会很难做出选择，此时不妨进行如下思考。

假如你是年轻人，你可能更看重第4—7项。因为你可能更在乎体检过程中的感受。

假如你是中年人，有可能你会毫不犹豫地选择1—3项。因为人到中年，你可能会更在乎自己身体每年的变化情况，而不是体检机构的变化或体检项目的变化。

这个例子告诉我们，只有列出所有你看重的因素，并对所有因素进行排序，思考排在前三项的因素，你才可能更加有的放矢。

工作中，岗位变化是常有的事。如果工作变动是你思考后主动提出的，其实也是一种抉择，因为这是个很大的决定，它可能决定你的未来发展方向，对你来说，工作变动也许是一次转型。

案例 1-12：以独立意志进行工作变动为例

在我开始工作的那个年代，人们崇尚的是持续在一个岗位上发光发热，如果能在一个岗位上干到退休，那是一种光荣。那时候，人们的工作都是服从分配的，很少有自己争取岗位的情况，人们在自己的岗位上通常不会有太多想法。如今情况大不相同。人们希望有机会竞聘上岗。现在看来，参加竞聘的人往往是主动思考过的人，他们知道自己想要什么，知道自己在为什么而努力。

在我的人生中，自行抉择的事情屈指可数，但有一件事情很值得一提。

2016 年，我决定放弃当时的管理职位，这让很多领导和同事不解和惋惜。我当时绝不是一时冲动，而是经过深思熟虑后的抉择。做出这个抉择主要基于我看重的前 3 项因素：（1）给年轻人让路；（2）做好传帮带；（3）有更多时间照顾家人和自己。

这个例子告诉我们，思考对人生的选择，是提升独立意志力的好方法。你会在思考中明确自己的愿望,找到人生的方向。思考也会带给我们勇气,让我们在人生的道路上走得坚定而坦然。

1.5 小结

本章从自我认识、想象、明理、抉择四个方面讲述了如何充分发挥自己的潜能,不断提升认知力。

关于自我认识,本章给出了 3 个思考问题,包括:①你有哪些优点?②工作中你最看重什么?③生活中你最珍视什么?

关于想象,本章讲述了设想法和回望法这 2 种测试自身想象力的方法。

设想法提出 5 个问题,包括:①你的人生梦想是什么?②你的阶段性目标是什么?③你想在哪个方面成为专家?④你想拥有哪些值得别人尊敬的品格?⑤你想传承下去的是什么?

回望法提到可以从人生规划、目标设定、策略制定、系统设计、市场策划这 5 个方面来回想自己做过的事,以检测自己具有怎样的想象力。

关于明理,本章给出一个简单易行的明理思考表,从做这事以及不做这事的好处和坏处入手,对是否做某事进行判断。

关于抉择,本章提出你需要梳理在选择中你所看重的因素有哪些,并对找出的因素进行排序。

我很赞同《涵解:无畏真实》一书中的一句话:"重新认识自

己需要时间,更需要勇气去接受固有的认知偏差。"[15]

  本章共给出 12 个案例和 16 个表格,帮你结合自身实际,重新认识自己,努力提升认知力。一个人对自我的认知不可能百分之百准确,所以需要不断提升。提升认知力永远在路上。

  思考+认知力,从认识自己开始,发挥想象、知晓逻辑、学会抉择,让自己在人生的发展中能够扬长避短、快速脱颖而出。

  思考旅程从提升自己的认知力开始。

第 2 章

规划力：明确行动指南

"不为明天做准备的人，永远不会有未来。"

——戴尔·卡耐基

"要达成伟大的成就，最重要的秘诀在于确定你的目标，然后开始干，采取行动，朝着目标前进。"

——博恩·崔西

斋藤孝在《规划力：如何清晰预见成功轨迹》一书中提到，"除了特殊的天才或艺术家，我们一般人之间的才华或能力的差距并不大。我认为世上只有会规划和不会规划的人"。[16]

那么，如何才称得上是会规划的人呢？师蕾清在她写的《规划力：走对人生每一步》中提到，"人生的蓝图若想绘得漂亮，最重要的是对自己有一个清晰的认知，明确自己真正想要的是什么，接下来就是规划好未来要走的每一步，直到实现你的心中所愿"。[17]

规划力是对未来的奋斗目标进行事前研判及对可行性路径进行规划的能力。

提升规划力可以从聚焦、破局、反思和使目标清晰化4个方面入手。

2.1 聚焦：找出你在乎的关键点

聚焦是针对某个事项明确你在乎的关键点，也可以是某个群体在乎的关键点。

关键点越明确，你就越能据此思考出准备采取的行动或更多的解决方案，从而让你的行动更加有的放矢。

松浦弥太郎先生以演讲为例，将关键确认为"是否能让对方产生利益""是否能实现""是否符合对方的理念"。[1]

关于明确关键点，我们可以借助表2-1进行思考。

表2-1 关键点思考表示例

事项：			
序号	关键点	准备采取的行动	期望达到的效果
1			

(续表)

序号	事项：		
	关键点	准备采取的行动	期望达到的效果
2			
3			

案例 2-1：以授课为例

假如你是一名讲师，你想让自己的授课内容引起学生的共鸣，并让学生记住，那么备课时你需要思考以下 3 个问题：此次授课的关键点都有哪些？准备采取怎样的行动？想得到怎样的效果？后两个问题都需要在关键点的基础上逐一展开。因此，明确关键点至关重要（见表 2-2）。

表 2-2　关键点思考表示例

序号	事项：做一次好的授课		
	关键点	准备采取的行动	期望达到的效果
1	注重结合理论与实际	讲述身边实际案例	现实可用
2	讲授知识应用方法	引导学员练习和互动	当场会用
3	引发学员更多的思考	让学员写课后感悟	未来想用

你可能会问，真的能达到效果吗？答案是肯定的。例如，针对"引发学员更多的思考"这一关键点，我每次得到的结果都是

非常肯定的。这让我很欣慰。尤其是在看了学员们的课后感悟后，我更加坚信一点：思考可以给人力量。

这里，请允许我引用学员 SYJ 在课后写的一则学习感悟。

"这是一次我认真听到了心里的课程。听完老师讲课，我第一次萌生了改变自己的想法。老师讲的每个词、每个概念、每个理念、每句话都促使我不断思考自己现在的状态，让我有动力去思考、去实践。"

聚焦就是找出做好某件事的关键点。关键点既可以是焦点问题，也可以是深层内涵、看重的要素、遵循的原则等。

2.2　破局：找到解决问题的突破口

陶行知说："创造始于问题，有了问题才会思考，有了思考，才有解决问题的方法，才有找到独立思路的可能。"

查尔斯·吉德林说："把难题清清楚楚地写出来，问题便已经解决了一半。"这就是所谓的吉德林法则。

规划力实际上是一种发现问题和解决问题的能力，关键是找到焦点问题。

明确焦点问题是解决问题的关键一步。焦点问题是指人们共同关注的问题。快速确定焦点问题，并以焦点问题为导向找到解决问题的突破口尤为重要。寻找突破口主要有 2 个方法：排序法和挖掘法。

排序法：列出问题清单并排序。

相信每个人在工作和生活中都会遇到很多问题，在不同的阶段又会遇到不同的问题。

请参考表 2-3，思考现阶段困扰你的焦点问题。

表 2-3 问题清单思考表

类别	问题清单	排序
工作		
生活		
学习		

此表帮助你从工作、生活、学习三个维度思考目前面临的前 3 个问题。你可以从这 9 个问题中选出排在第一位的焦点问题，也可以就每一个维度思考排在第一位的焦点问题。

案例 2-2：以从生活中找焦点问题为例

2020年，我在喜马拉雅App上开设了《如何让孩子快速成长》这一音频专栏，应家长们的要求，我对家长们经常遇到或提出的16个问题分别进行了阐述。

如果你是一名家长，那么，你是否思考过以下问题？如果之前没有，那么现在请你思考一下，以下哪些是你之前没有思考过但一直困扰你的问题（见表2-4）。

表2-4 最令家长困扰的孩子教育问题思考表

序号	问题清单	排序
1	如何让孩子快速成长	①
2	如何让孩子自主学习	②
3	如何让孩子早日形成梦想	
4	如何让孩子抓紧时间	③
5	如何培养孩子的适应能力	
6	如何提高孩子的写作能力	
7	如何让孩子从小养成做事认真仔细的习惯	
8	如何让孩子走出自己的路	
9	如何让孩子每日进步	

(续表)

序号	问题清单	排序
10	如何让孩子做事持之以恒	
11	如何让孩子养成爱读书的习惯	
12	如何让孩子愿意与父母沟通	
13	如何把握孩子的重要选择	
14	如何给予孩子鼓励	
15	如何拉近与孩子的距离	
16	如何让孩子向着自己的梦想前进	

当然,你也可以根据此表想一下,在这16个问题中,哪一个或哪些是你思考过的或最关注的。你可以根据实际情况将其勾选出来。勾选后,你还要继续思考,哪个问题是目前首先要解决的。

从音频专栏的收听量来看,排在前三位的问题是1、2、4。

有了焦点问题,接下来的行动就要围绕焦点展开。我们要努力挖掘焦点问题本身的内涵,并在此基础上,寻找切实可行的解决方法。

例如,针对如何让孩子快速成长这一问题,我提出3个有的放矢的解决方法:一是尽早找到孩子的(初步)人生梦想,二是尽早明确孩子成长过程中的阶段性目标,三是尽早发掘或确定孩子的兴趣爱好。

挖掘法:分析问题的深层次内涵。

有的时候,为了更好地解决某个问题,我们需要分析某个问题的内涵或存在的根源。

一个问题往往涉及多个内涵,因此,我们需要把它们拆开逐一进行分析,并给出相应的解决方案。

寻找问题本身涉及的各种内涵时,我们可以用表2-5帮助我们思考。

表2-5 焦点问题的内涵及其解决方案思考表

焦点问题:			
序号	内涵	解决方案	突破口
1			
2			
3			

注:突破口是指各个解决方案相同的部分、你认为最容易解决的问题或非解决不可的问题。

如果不事先弄清楚内涵,就会出现"胡子眉毛一把抓"的现象,看似面面俱到,但其实哪一项都没有做好。出现这种现象的根源就在于未做到有的放矢。

假设你的问题是"如何合理、高效、规范地采购",那么,这一问题的内涵就是合理、高效和规范,而不同的内涵所对应的解决方案很可能是不同的,甚至是矛盾的。例如,有的时候,规范和高效就是相互矛盾的。

案例2-3:以工作中的焦点问题为例

假设你的问题是"在工作中为什么总是没有自信"(见表2-6)。

表2-6 以问题为导向的思考表示例

焦点问题:在工作中为什么总是没有自信			
序号	内涵	解决方案	突破口
1	总被领导批评	把批评当成机会和动力	
2	感觉没有明显优势	发挥自己的差异化优势	√
3	没有自己的成果	把"留下可以流传的成果"作为目标	

注:这里的3个内涵仅为示例。相信你会发现更多的内涵,进而想出更多的解决方案。

完成表格的内容后,接下来要做的就是破局。破局就是以问题为导向,从多个问题中找到焦点问题,并以此为突破口,找到相应的解决方案。

例如,想以发挥自己的差异化优势作为突破口,需要对自己有较好的认知，知晓自己在工作、学习、生活经历中形成的优势，让它们相互借力，努力把它们发挥到极致。

2.3 反思：找到自主可控的思路

《认知觉醒》中提到，"如果我们习惯感情用事、不假思索，那感性思维就会占据主导；而若是习惯经常思考、时常反思，那理性思维便会占据上风"。[2]

反思深层次的原因，努力思考问题的症结，是提升规划力的关键步骤之一。

没有反思，就没有进步；没有反思，就不可能扬长避短；没有反思，就不可能走出自己的路。无论工作还是生活，都是如此。

在工作和生活中，我们经常遇到这样的情况：事情总是不能朝着自己期望的方向发展。然而，你是否想过深层次的原因？有2个可能的原因：一是你的期望还不明确，如缺少针对性；二是自身还不具备做此事的能力，如缺少资源，思考缺乏理性。

例如，在工作中，公司可能会制订一个全局规划，这个规划涉及很多环节，然而，你所能够主导的只是其中一个很小的环节，其他环节都在别人的控制中，或者说，不在你的可控范围内。那么，在这种情况下，如果出现了问题，你要结合过往的经历进行反思，看看问题出现在哪个环节，你是否能通过努力打通这个环节，或者说，让它变得可控、具有可行性。

如果你不知道到底是哪个环节出了问题,那么问题就无法很好地解决。如果能够反思问题的症结,再结合自身优势,找到有的放矢的方法,你就能走出自己的路。

工作中如此,生活中亦如此。

有很多家长喜欢为自己的孩子做规划。然而,做规划的前提是对孩子有所了解,在此基础上才能帮助孩子找到适合的路,让孩子走出自己的路。

每当我问孩子家长"你是否了解你的孩子",他们都会说"当然了解"。但当我让他们回答表2-7中的8个问题时,我却看到,他们犹豫了。

如果你是家长,你也可以试着思考表2-7所列举的8个问题。

表2-7 测试对孩子了解程度的问题表

1.你想过你孩子的未来吗?如果想过,请列出你对孩子的期望。
2.你认为你真正了解您的孩子吗?请说出他的5~10个优点。
3.你认为你的孩子具有哪些特有的优势?
4.你的孩子目前具有的兴趣爱好有哪些?

（续表）

> 5. 你的孩子表现出的最困扰你的问题有哪些？
>
> 6. 你的孩子有哪些让你记忆犹新的真实故事？
>
> 7. 你的孩子说过哪些让你感到惊讶的话？比如，长大以后想成为什么样的人？长大以后想成为像谁一样的人？
>
> 8. 你的孩子说过自己的梦想吗？梦想是什么？

如果作为家长的你能马上回答出这8个问题，说明你对孩子有足够的了解；如果你能答出4~7个问题，说明你对孩子有较好的了解；如果你只能答出1~3个问题，说明你对孩子还缺乏了解。

经过自身的总结和实践，我发现，通过回答这8个问题，你可以形成对孩子的系统性认识，或者说形成一个总体判断。这能帮助你对自己的孩子做出总体评价，为其解决以下8个方面的问题：（1）明确目标；（2）选择兴趣；（3）养成习惯；（4）提升能力；（5）培养心态；（6）挖掘优势（含差异化优势）；（7）构筑未来梦想；（8）解决当前困惑。

这里我再多说一些。表2-7能够帮助家长回忆和思考，它后来也成为我做家长咨询时的参考与依据。

第 2 章 规划力：明确行动指南

案例 2-4：以引发家长思考为例

我曾经给几位有需求的家长做了咨询。这里分享两位家长在咨询后的思考，希望能引发你对孩子教育的进一步思考。

SYL 妈妈：心的连接

我的女儿今年 4 岁。这是我人生中第一次做母亲，我的内心充满好奇。我的目标是和女儿一起成长，但在成长过程中，我遇到了各种问题，每次出现问题我都会学习各种育儿知识或请教"过来人"，但哪种方式适合我的女儿呢？我带着疑问走进了线上的"黎雅咨询室"。

在填写问题表时，我第一次深度思考了我对女儿的期望。通过回顾她的优点、特有优势、兴趣爱好、梦想和发生在她身上的真实故事，我感受到了我对女儿的期待与爱，也更加欣赏我的女儿了，但我还有一点点对未知的担心与恐惧。

带着疑问，我与黎雅老师开始了线上的"心的连接"。她温暖而有力量的声音，智慧地引导着我，启发着我，鼓励着我，帮助我聚焦了女儿的 4 个优点：勇敢、沟通能力强、有亲和力、爱思考。黎雅老师还帮我找出女儿特有的优势：表达能力强、勇敢不怕挫折、爱思考、诚信、自律。

黎雅老师在带领我找到女儿的差异化优势后，又让我知道不同的优势之间可以相互借力，让我得以思考女儿能做什么（比如律师、医生、思想家、哲学家、管理者）。这让我学会了用"以终为始"的方式思考问题。只要前面有一盏灯,我就会往前方走,赋予女儿更多的优势。

黎雅老师还根据女儿的特点教给我一些具体的方法,让我持续激励女儿发挥她的优势。

方法1:经历一些事情,让孩子去表达,锻炼她的总结与归纳能力。

方法2:学一门乐器或学唱歌,不需要给孩子考级的压力,去鼓励她。对于孩子喜欢的歌,可以和她一起学着唱。这可以使她身心愉悦、缓解她的焦虑情绪。

方法3:坚持做可控的事情,比如画画,无论画什么,都让她讲出来,并保存下来。

方法4:英语是终身受用的工具,这个阶段可以让女儿听英文歌,买一些卡片,开始积累单词。

方法5:如果想让女儿拥有优雅的气质,现在可以让她学习跳舞。

我一边听一边记,这开启了我的心门。我期待女儿成为一个栋梁之材,有帮助他人的能力。黎雅老师帮我从大到小,分析我想实现的是什么,那就是有一技之长、自由地选择自己喜欢做的事情、服务于社会、帮助他人,最终做一个有所传承的人。想到这里,我忽然发现这正是我想成为的人。那么我该如何以身作则呢?

第 2 章 规划力：明确行动指南

黎雅老师给出以下4条建议。

（1）和女儿一起去图书馆选书，让她自己选喜欢的书，比如有启发的、有想象力的、正能量的书。

（2）学习培养习惯。培养看书的习惯，每次选3本，可以在绘本图书馆让她讲故事。

（3）生活习惯需要长期坚持，需要家长以身作则地遵守。

（4）选择幼儿园或者其他事情前先想好原则，比如自己想要女儿成为什么样的人、标准是什么，再去选择。

我的思路逐渐清晰，我一点点朝着心中既定的目标迈进，也有了行动的信心。"原来是这样""噢，我明白了""太好了"……这样的想法不断冒出来，我感觉一位知心妈妈在支持我、引导我做一个称职的母亲，与女儿一起成长。

感恩遇见黎雅老师！

WXD妈妈：从"没想过"到"认真思考"

今天接受黎雅老师的"制定人生目标"的辅导，我从"没想过"到"认真思考"。

（1）咨询准备的过程，是我直面"孩子人生目标尚不明确"这一问题的过程。

初听"人生目标"这个词，我感觉遥远且无从思考。看到黎雅老师给出的表格后，我才发现，自认为很了解孩子、很懂孩子的我，对于孩子还有很多不明确的细节。这说明什么呢？说明我不关心孩子吗？不是，是说明我没有明确的方向，或者说没有与孩子一致的明确方向！

可以说，填写表格的过程，也是我慢慢理解制定孩子人生目标的重要性的过程。

（2）咨询交流的过程，是我认真思考如何制定"孩子人生目标"的过程。

经过精心准备，我和黎雅老师开始了近2小时的咨询交流。

黎雅老师层层递进，慢慢引导，帮助我一点一点地将我对孩子的表面了解梳理为对孩子的深层理解，从而形成较为清晰的阶段发展方向。这次交流解决了我在孩子发展方向、学习重点上的困惑。老师还结合孩子的特点，给出了明确、有针对性的发展建议，让我坚定了努力的方向和阶段目标。

（3）咨询讨论后，是我静心体会、领悟"孩子的人生目标"对孩子和家长的重要指导意义的过程。

咨询过后，我陷入深深的思考。说实话，很多成年人也许都不知道自己的人生目标是什么，甚至不知如何制定人生目标，孩子的人生目标就更是无从定起。但有了明确的人生目标，就有了前进的方向。家长和孩子一起制定并认可人生目标，对孩子乃至家长的发展都非常有好处，简单说就是以终为始、统一思想。试想，家长和孩子在统一的思路下向一个共同目标前进，怎能不事半功倍呢？孩子看到家长如此关注自己的想法，他们该有多自信

第 2 章 规划力：明确行动指南

呢？家长看到孩子笃定的努力，又该有多欣慰呢？

现在就开始吧，和孩子一起制定人生目标！一起描绘美好的人生画卷！

从上面的两个例子中可以看出，每个孩子都是不一样的，成长模式也会有所不同，所涉及的具体话题也不尽相同。如何让孩子快速成长，是一个听起来很普通但对每个孩子都很有意义的话题。

为了让孩子能够快速成长，家长在生活中会采取各种办法。生活中，我们经常会看到以下 4 种情形。

（1）拔苗助长。有些家长急于让孩子快速成长，给孩子报了各种各样的兴趣班，却不管孩子是否愿意、是否适合。

（2）强加意愿。有些家长喜欢将自己的意愿强行加在孩子身上，不管孩子是否喜欢。

（3）随意跟风。有些家长喜欢人云亦云，别人家孩子上什么兴趣班，自家孩子也跟风去上，他们认为自己的孩子如果不去上，就会被落下或被淘汰。

（4）与人攀比。有些家长喜欢将自己的孩子与别人家的孩子进行比较，会不停地数落自己的孩子，表扬其他孩子。

以上 4 种情形造成的结果就是，孩子和家长都很累，但教育的效果却不尽如人意。付出了时间和精力，收效却很差，无法达到家长的预期。

我们知道，人的时间和精力是有限的，如何让孩子用有限的时间和精力快速成长？我的回答是，找一条适合孩子走的路。

鞋子合不合脚，只有自己知道。适合的，才是最好的。

说到让孩子走自己的路，相信这也是很多家长期盼做到但又不太容易做到的。之所以不太容易做到，很大程度上是因为家长不清楚"让孩子走自己的路"的内涵。

那么，如何才能让孩子走出一条自己的路呢？经过思考与实践，我觉得要注意以下3个方面。

（1）尽快找到孩子的（初步）人生梦想。孩子一旦有了初步梦想，就会持续产生前进动力。这时，如果家长能够加以引导，给予大力支持，孩子就可以学习和了解更多的东西，不断丰富自己。

（2）尽早明确孩子的阶段性目标。有了阶段性目标，孩子就会有前进的动力，并且有阶段性的知识增长和能力提升，这可以帮他向下一个阶段性目标迈进。

（3）尽早选择和确定孩子的兴趣爱好。孩子有了自己的兴趣爱好，在学习之余就有了精神寄托，因为他有自己喜欢做的事。正因为喜欢，所以孩子会为做这些事留出更多的时间，因而他们会加快完成作业的速度，从而提高效率，进一步提升时间管理能力。单位时间内做的事情更多了，单位时间内的成长也会更快。

许多年来，每当我与孩子的妈妈们谈起她们如何帮孩子确定梦想、目标和兴趣爱好，有些妈妈会考虑很长时间，有些妈妈甚至说没有考虑过，当然也有很快就能说出自己孩子的想法或梦想的妈妈。我惊奇地发现，成长得比较快的孩子，往往拥有非常了解自己的家长。

在这里，我特别想说的是，是否能让孩子快速成长其实与家长是否了解孩子有密切的关系。你如果不了解自己的孩子，即使想帮助他，都不知该如何发力，或者做了很多事但没什么用处，只能干着急。只有清楚地知道自己的孩子在哪个方面存在缺失、要在哪个方面发力，才能做到有的放矢。

自我反思就是从自身实际情况出发，努力找到真正适合自己的方法或道路。

《镜映思维：人在社会中的自我形成》一书中提到，"无论我们的生活变成了什么样，花时间进行反思，也就是有意识地'做白日梦'，是非常有效的"[10]。反思不仅是一种学习的途径，它还会对我们的心理健康和幸福程度产生积极的影响，因为它能让我们以一种有建设性的方式应对焦虑和担忧。

2.4 使目标清晰化：让理想照进现实

塞涅卡说："有人活着没有任何目标。他们在世间行走，就像河中的一棵小草，他们不是行走，而是随波逐流。"

哈伯特说："你的目标确定了，你的脚步也就轻快了。"

在电影《银河补习班》中，有这样一句话贯穿始终，让我印象深刻："人生就像射箭，梦想就像箭靶子，连箭靶子都找不到，你每天拉弓有什么用！"

这些话都道出了目标清晰的重要性。

目标清晰是提升规划力最重要的环节。

不少人虽然有自己的目标，然而3年、5年、10年，甚至更长时间过去了，回过头来却发现，自己的梦想或目标依旧在那里，一直未能实现。症结在于，他们虽然有自己的目标，但始终不知道该如何开始行动。结果就是，目标仍然只是目标，就像空中楼阁。

目标始终未能实现的关键原因，就是目标不够清晰。目标明确不等于目标清晰，但目标清晰包括目标明确。目标清晰不是一蹴而就的，目标往往是在不断思考与实践的过程中逐渐清晰的。不论企业还是个人，不论企业使命还是个人梦想，都是如此。

总而言之，未实现目标的人大多体现为以下4个"不清楚"。

第一，不清楚想要的具体结果是什么。

第二，不清楚自己想从中具体得到什么。

第三，不清楚实现目标的具体路径是什么，包括如何迈出第一步，以及实现目标需要分几步走。

第四，不清楚要使用什么样的具体方法才能真正实现目标。

正是由于这4个"不清楚"，许多人的目标一直没能实现，或者，结果不尽如人意。

我非常认同《认知红利》中的一句话，"没有清晰的目标，你认为的问题就会永远存在，永远达不成，整天感觉自己不幸福，却不知道该怎么办，随之而来的就是间歇性的嫉妒和持续性的焦虑……"[18]

现代管理学之父彼得·德鲁克针对目标管理提出了SMART原则。

S: Specific，具体的、明确的

M: Measurable，可量化的、可度量的

A: Attainable，可达到的、可实现的

R: Relevant，相关的、有关的

T: Time-bound，有时效的、有时限的

由此可以看出，目标管理过程就是让目标清晰化的过程。

具体说来，清晰的目标需要具有"4有"特性：有结果、有路径、有内涵、有方法。

2.4.1 有结果：让成果可感知

朗费罗说："如果你想射中靶心，你就必须瞄得稍稍高一些。"目标是用来追求的。

结果与目标的不同之处在于，结果更具感知性，目标更具方向性。

以结果为导向，你就必须思考清楚，达到这个结果所需要关

注的点都有哪些，然后再依据这些关注点，设想准备采取的行动，进而得到你所期望的并且可以感知的结果。

请借助表 2-8 进行思考。

表 2-8　以结果为导向思考表

想要的结果：		
序号	关注点	可感知的成果
1		
2		
3		
4		

请以想要得到的结果为导向，针对每一个关注点思考要采取的行动。

案例 2-5：以写述职报告为例

假设你想得到的结果是写出一份高质量的年终述职报告。

其实，对于什么是高质量的述职报告，每个人的理解都是不同的。由于所站的高度或角度不同、期望达到的目的或效果不同，结果也会有很大不同。

例如，有的人把写述职报告当成反省的机会，有的人把它当成感悟的机会，有的人把它当成展示的机会，有的人则把它当成总结的机会。不同的关注点会引出不同的行动或方法（见表 2-9）。

表 2-9 以结果为导向的思考表示例

想要的结果：写出一份高质量的年终述职报告		
序号	关注点	可感知的成果
1	反省的机会	列出几条自己做得不好的地方，并分析原因
2	感悟的机会	写出几条自己的经验和体会
3	展示的机会	列举一些事例，对亮点和成果进行说明
4	总结的机会	包含以上所有成果

一份高质量的述职报告应该包括上述所有可感知的成果。

可以看出，关注点不同，可感知的成果就会不同，最终呈现的结果也会不同。

当然，有结果不仅包括可感知的成果，还包括已获得的成长。

正如《格局：世界永远不缺聪明人》一书中提到的，"很多时候，结果影响的不仅仅是别人对你的看法，而是你对自己的看法。在结果出来之后，无论是输还是赢都不重要，最关键的是这件事情有没有让你成长"。[19]

2.4.2 有路径：让步骤可执行

《世界顶级思维》一书中提到，"设置若干恰当的阶段性目标，采取'大目标，小步子'的办法，把总目标分解为若干经过努力都可实现的阶段性目标，通过逐个实现这些阶段性目标而达到大目标的实现，这才有利于激发人们的积极性"。[20]

很多人的目标一直没有实现,是因为他们没有设置好阶段性目标。

阶段性目标就像梯子,如果没有踏脚的阶梯,很难登顶。

设置阶段性目标的过程就是以终为始、设置通达路径的过程,也是设置可执行的步骤的过程。

设置通达路径需要包含3个要素:一是设置时间段(用时);二是明确相应时间段可实施的子目标;三是子目标之间存在递进关系。

阶段性目标思考如表2-10所示。

表2-10 阶段性目标思考表

长远目标:		
阶段	时间段(用时)	可实施的子目标
1		
2		
3		

这里,时间段指完成这个阶段性目标所需的总时长。

我们经常会看到这样3种现象。

现象1:有些人只有长期目标,没有将其分解为阶段性目标,所以不知道一开始应该做些什么。

第 2 章 规划力：明确行动指南

现象 2：有些人只有短期目标，因此往往只能看到短期利益，形成不了长期目标。

现象 3：有些人既有长期目标，又有短期目标和中期目标，他们往往能够实现自己的长期目标。

对于有些人来说，制定长期目标也许不难，难的是将长期目标分解成短期目标（阶段目标 1）和中期目标（阶段目标 2）。

这里要特别说明的是，尽管短期目标和中期目标都是阶段性目标，但作为路径中的一个环节，短期目标一定会为中期目标提供助力，而中期目标一定会为长期目标提供助力。

这也是我前面提到的第三个要素——子目标之间存在递进关系的具体体现。

也就是说，设置阶段性目标需要做到以终为始，每一个阶段性目标都是为了实现长远目标。

案例 2-6：以个人目标为例

这是一个以终为始的追梦故事，也是一个十年磨一剑的励志故事。

M 女士，2012 年毕业于美国马里兰大学史密斯商学院，获得会计和金融专业双学位，同时获得优等生（Summa Cum Laude）的称号。2015 年获得乔治城大学房地产专业硕士研究生学位，获得美国注册会计师资格。27 岁那年，她实现了她的第一个人生梦想——成为酒店投资分析师。30 岁那年，她成为投资总监。

从 M 女士的追梦经历中，我思考并总结出 4 点体会。

第一点，机会是留给有准备的人的。

如果一个人只有梦想，而没有为梦想做相关准备，那么，他很难实现梦想。怎样做才是有准备的呢？我认为，有准备的人应该具有下列特征：

（1）梦想比较清晰，有个人使命宣言；
（2）对梦想的可行性有比较清醒的认识；
（3）比较了解要实现梦想必须具备哪些能力；
（4）比较清楚自己的奋斗路径；
（5）懂得不断努力，懂得不断付出。

当然，不是每个追梦人在事前都能把这些问题想清楚，但追梦人至少在追梦前应该对这些问题有所思考。

追梦人要努力成为"以终为始"这一习惯的忠实实践者。

第二点，每个人都可以有梦想。

在这个追梦的时代，每个人都可以有梦想，每个人也都应该有梦想。因为有了梦想就有了人生追求，有了梦想就有了生活重心；有了梦想会让你变得更好，有了梦想会让你变得更充实。

第三点，要为实现梦想提前做好准备。

每个人都有梦想。然而，如果不为实现梦想付出努力，那么，梦想将永远只是梦想。

梦想的实现需要以终为始，必须提前做好一切相关准备。有

第 2 章 规划力：明确行动指南

可能你所做的准备不会马上派上用场，但至少你要知道，它们早晚会派上用场。

例如，M女士为实现梦想所做的相关准备包括获得LEED认证[①]、通过注册会计师（Certified Practising Accountant，Certified Public Accountant，CPA）考试、乔治城大学房地产专业研究生、获得康奈尔大学酒店管理的电子证书（E-Certificate）等。在她后来的追梦过程中，这些准备几乎都派上了用场。

M女士还曾专门和我谈起，她在准备这些内容时，并不确定之后能否用得上，只是觉得要做一些储备，绝不能等到机会来时再做准备。

机会永远是留给有准备的人的。

第四点，追求梦想需要做好长期准备。

梦想的实现不是一蹴而就的。一旦有了梦想，就要做好长期准备，而不是追求短期回报。如果想尽早实现梦想，最重要的是要以终为始。

以终为始是指：（1）制定一个长期目标；（2）将长期目标分解成几个阶段性目标；（3）从现在开始向目标前进。

山再高，往上爬，总能登顶；路再长，走下去，定能到达。

因而，对于那些还没有梦想的人，从现在开始思考自己的梦想也不算晚。

---

① LEED是领先能源与环境设计建筑评价体系的简称。——编者注

M女士在完成第一个人生梦想后又有了第二个人生梦想——成为酒店经营者。在实现第二人生梦想的路上,她已经迈出了第一步——成为瑞士洛桑酒店管理学院的MBA学生。

M女士的第一个人生梦想(长期目标)是做一个酒店投资分析师,而她所学的专业是会计和金融。那么,到底怎样才能实现目标呢?她为自己设计了一条从会计到酒店投资分析师的发展路径(见图2-1)。

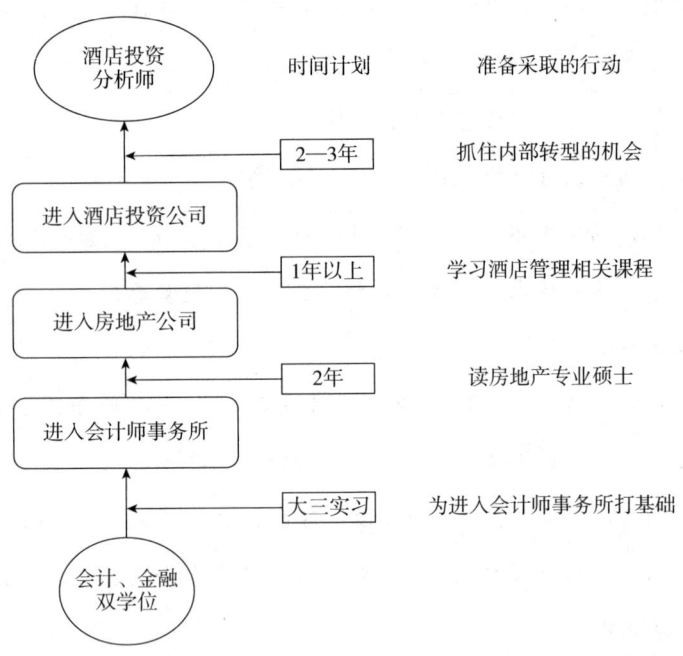

图2-1 M女士以终为始实现目标路径图

第 2 章 规划力：明确行动指南

之所以会设计这样一个路径，据 M 女士称，她的思考是以终为始的。

她先了解了她想去的酒店投资公司招聘什么样的人。她得知，公司的主要组成人员都有康奈尔大学的学习经历，只有会计人员可以不是康奈尔大学毕业的，她意识到这是一个突破口。

顺着这个路径，她了解了酒店投资公司招聘会计时的条件，其中有一条硬标准，就是有房地产行业的工作经历。接着，她又了解房地产公司招会计的条件，结果发现，该公司通常会招在会计师事务所有两年以上工作经历的会计。而会计师事务所往往会从大三实习生中招收人员。

经过一系列了解和深入思考，她确定了要走的路径：会计师事务所实习生（大三）→会计师事务所会计（2 年）→房地产公司会计（1 年以上）→酒店投资公司会计（2—3 年）→酒店投资分析师。

M 女士的成长路径如表 2-11 所示。

表 2-11 阶段性目标思考表示例

长远目标：做一个酒店投资分析师		
阶段	时间段（用时）	可实施的子目标
1	1 年	成为会计师事务所会计
2	2 年	成为房地产公司会计
3	1 年以上	成为酒店投资公司会计
4	2—3 年	内部转型成为酒店投资分析师

据 M 女士说，规划中的用时只是预估数。但可喜的是，M 女士基本按这个时间节奏实现了她的阶段性目标，成就了一个以终为始的励志故事。

这个例子告诉我们：梦想的实现不是一蹴而就的。一旦有了梦想，就要以终为始地规划实现的路径。

2.4.3 有内涵：让意义可体会

内涵是目标或期望等涉及的内在含义或深层意义，具体说来，可以是中心意思、关键词、关键理念，也可以是看重的方面、需要遵循的原则等。

内涵需要感悟、提炼和领会。

内涵可以通过不断思考得到，它就像上小学读课文时，老师总会问及课文的中心意思，是在深入思考的基础上总结出来的。

要想有清晰的目标，就必须提前弄清楚目标涉及的内涵，否则做再多的努力都可能会白费。因为我们采取的行动并没有围绕目标的内涵展开，这将导致实际的结果与要求、期望的结果产生偏差。

表 2-12 可以帮助我们发现内涵并采取行动。

第 2 章 规划力：明确行动指南

表 2-12 目标内涵思考表

目标：		
序号	内涵	准备采取的行动
1		
2		
3		
4		
5		

我们可以通过提炼关键词来发现内涵。

案例 2-7：以企业发展为例

假设企业的目标是实现高质量发展，那么，首先需要践行新发展理念。企业采取的行动需要围绕创新、协调、绿色、开放、共享这 5 个内涵分别展开（见表 2-13）。

表 2-13 目标内涵及行动思考表示例

目标：实现高质量发展		
序号	内涵	准备采取的行动
1	创新	
2	协调	
3	绿色	
4	开放	
5	共享	

注：先针对每个内涵思考解决方案，然后设想一个尽可能涵盖全部内涵的最佳方案。

我们也可以通过不断沟通来发现内涵。例如，工作中，你可能会遇到领导提出的目标不明确的情况。那么，你有必要在开始行动前与领导反复沟通，弄清楚目标的具体内涵到底是什么，并且努力就内涵与领导达成共识，再在此基础上思考下一步该采取哪些行动。

2.4.4 有方法：让举措可落地

《认知红利》一书中提到，"如果方法是错误的，目标自然无法达到。"[18]

很多人都有自己的目标，然而很多人的目标一直未能实现，其主要原因是他们不清楚使用什么方法才能真正实现自己的目标。

目标的实现需要正确、有效的方法。只有方法得当，目标才可能实现。《孟母三迁》的故事就说明了这样的道理。孟子是中国古代伟大的思想家，他的成就很大程度上得益于孟母教育得法。孟母为了让自己的孩子拥有好的学习环境，搬家三次，直到搬到学校附近才安定下来。这种寻求优质的教育环境的方法最终也成就了孟子。

明确了结果、路径、内涵，并在此基础上找到合适的方法是实现目标至关重要的步骤。

基于结果、路径、内涵得出的方法，让行动更有的放矢，也让目标实现得更轻松。

为了清楚地知道结果、路径、内涵、方法与目标之间的关系，经过实践检验后，我将它们放在同一张表格中，帮助你有的放矢地进行思考（见表 2-14）。

表 2-14 以目标为导向思考表

目标：			
结果：			
路径 方法 内涵	用时 1	用时 2	用时 3
	阶段目标 1	阶段目标 2	阶段目标 3

案例 2-8：以 M 女士的目标为例

以前文案例 2-6 中 M 女士的经历为例。

经过事前思考，M 女士设定了清晰的目标（见表 2-15）。

表 2-15 清晰目标思考表示例

目标：成为酒店投资分析师			
结果：成为 P 酒店投资公司的投资分析师			
路径 方法 内涵	用时 2 年	用时 1 年以上	用时 2—3 年
	成为房地产 公司会计	成为酒店投资 公司会计	成为酒店投资 分析师
学习准备	通过注册会计师考试； 获得 LEED 认证； 成为房地产专业 研究生	获得房地产专业硕士学位； 学习康奈尔大学酒店管理相关课程	获得康奈尔大学酒店管理课程证书

（续表）

目标：成为酒店投资分析师			
结果：成为 P 酒店投资公司的投资分析师			
工作转型	在会计师事务所寻找接触房地产行业客户和酒店行业客户的机会	在房地产公司了解与商业地产管理相关的知识和经验	在酒店投资公司关注酒店投资业务；寻找内部转型机会

正因为 M 女士有清晰的目标，所以她大学毕业后仅用了 5 年的时间，就实现了自己第一个人生梦想。

这个例子告诉我们，当你有了明确的目标，要在此基础上明确结果、路径、内涵和方法，这时，你的目标才是清晰的。只有目标清晰了，你才会，也才敢迈出坚实的第一步，并且更有信心走下去、坚持下去，直到目标实现。

2.5 小结

规划力是对未来的奋斗目标加以事前研判并对可行性路径进行规划的能力。

提升规划力需要从聚焦、破局、反思和使目标清晰化 4 个方面实现。其中，聚焦是前提，破局是基础，反思是条件，使目标清晰化是关键。

聚焦的目的是找出你或团队在乎的关键点，破局的目的是从众多问题中找到解决问题的突破口,反思的目的是找到自主可控且适合自己的思路,使目标清晰化的目的是让目标能够真正实现。其中,使目标清晰化是提升规划力的重要一环。

一个清晰的目标需要"4有":有结果、有路径、有内涵、有方法。其中,有结果就是让成果可感知,有路径就是让步骤可执行,有内涵就是让意义可体会,有方法就是让举措可落地。

本章通过 8 个案例和 15 个表格阐述了如何提升规划力。

思考+规划力能让你的目标更加鲜明,进而让你有的放矢地走好每一步。

最后,引用稻盛和夫在《斗魂:稻盛和夫的成功热情》中的一句话来共勉:"'鲜明的目标'可以增强达至成功的信心,强化拼命奋斗的意志,同时激发部下的干劲,把事业引向成功。"[21]

第3章

情绪力：富足生命能量

"能够控制好自己情绪的人，比能拿下一座城池的将军更伟大。"

——拿破仑

"如果能控制自己的想法，就能左右自己的情感。"

——克莱门特·斯通

《情绪，请开门：放出困在情绪中的自己》一书的作者张维扬在自序中提到："把握了情绪，就把握了生命的根本。我们遭遇的各种事情只是促使情绪反应产生的刺激物，而情绪本身才是值得品尝的生活味道。或者可以说，外界的刺激让你产生了各种各样的情绪，这些情绪驱动你进一步产生各种各样的行为。如果我们能暂且放下外界的事物，专注于情绪，就可以事半功倍地改善自己的生活。"[22]

弗兰克尔在《生命的探问：弗兰克尔谈生命的意义与价值》一书中提到，"生命的中心任务是调整自我，让内心更好地适应生活，这要求人类建立'内心的能力'。只有这样，人类才能在日常生活中，在注意力被不断分散或周围充满无效信息的情况下，保护自己'真实的自我'"。[23]

如何做到把握情绪、专注情绪、调整情绪呢？关键是提升控制情绪的能力，即情绪力。

在工作和生活中，你是否遇到过情绪失控的情况呢？相信每个人都有过，只是发生的次数有多有少，失控的程度有大有小而已。

情绪可以分很多种，人们可能首先想到的是喜、怒、哀、乐等，这些情绪通常是对事物的直接反映，属于感情的自然流露，往往可以从面部表情中读取。《情绪，请开门：放出困在情绪中的自己》中列出了6种最常见的情绪，包括焦虑、抑郁、愤怒、悲伤、恐惧和喜悦。[22]

本书主要探讨内心想法导致的情绪性行为，主要包括纠结、争论、攀比、忧虑。

《把你的情商用起来：原地激活你沉睡多年的情商》一书中

第3章 情绪力：富足生命能量

提到，生活中你一定有过这样的体验："在情绪好、心情爽的时候，思路开阔、思维敏捷，学习效率和工作效率都很高；而在情绪低沉、心情抑郁的时候，则思路阻塞、操作迟缓，学习工作效率低。"[24]

可见，管理自己的情绪对提高学习和工作效率有多么重要。而管理情绪的前提是认识情绪。

毋庸置疑，每个人都希望在工作和生活中拥有好的、正面的情绪。然而，负面情绪还是会经常出现。大多数情况下，尽管负面情绪一次次地爆发，人们却很少去反思自己并探究产生这种情绪的原因。换句话说，每种负面情绪背后其实都有其深层次的产生原因，只是我们很少主动、积极地去挖掘它罢了。

其实，纠结、争论、攀比、忧虑等行为是导致负面情绪出现的主要原因。

表3-1列出了4种负面情绪的具体表现以及可能造成的影响，你可以据此做一下自查。

表3-1 不受控的4种情绪

序号	情绪	表现	自查	造成的影响
1	纠结	害怕做选择 做选择时优柔寡断 做出选择后经常后悔		效率低下 什么都做不好 事事不满意

（续表）

序号	情绪	表现	自查	造成的影响
2	争论	固执己见 以偏概全 喜欢论对错		效率低下 伤害感情 无法建立信任
3	攀比	愿意跟风 没有自己的想法 心态不富足		身心疲惫 没有自信 怨天尤人
4	忧虑	闷闷不乐 无法悦纳自己 抑郁		充满负能量 健康出问题

注：表中提及的表现和造成的影响是我经过多年思考与实践得出的，仅供参考。

认识到自己的情绪后，最重要的是找到处理情绪的方法。我很喜欢樊登在《陪孩子终身成长》中的一句话："要学会一个原则：家里遇到各种困难、问题、冲突的时候，要学会先处理好情绪，再来谈事情。"[25]

下面，我将针对上述4种负面情绪，给出3个特别行之有效的处理方法。

3.1 停止纠结：事先设定自己的原则

停止纠结的关键是以原则为中心。

第 3 章 情绪力：富足生命能量

我第一次接触"以原则为中心"这个短语，是在《高效能人士的七个习惯》[6]的课上。

关于原则，史蒂芬·柯维和瑞·达利欧都给出了非常精辟的论述。

史蒂芬·柯维对原则进行过解析。在他看来，原则是恒久不变、历久弥新的，值得信赖，可以给我们高度的安全感；是理性而非感性的，能让我们充满信心；不会怂恿人投机取巧，不劳而获；是永生的，不会毁于火灾、地震或偷盗，也不会今天在这儿，明天又到了那儿；是深刻的、实在的、经典的真理，是人类共有的财富。更重要的是，"它们准确无误，始终如一，完美无瑕，强而有力，贯穿生活的方方面面。""几千年的历史一次又一次地见证了原则的胜利，而更重要的是，我们能在自己的生活和经验中证实这些原则。原则不会改变，但我们对原则的理解可以改变。"[6]

瑞·达利欧也就原则谈过自己的观点："我一生中学到的最重要的东西是一种以原则为基础的生活方式，是它帮助我发现真相是什么，并据此如何行动……拥有了一系列良好的原则，你就拥有了一系列成功的秘诀。"[26]

经过 20 多年的思考与实践，我对原则也有了深刻的理解。确切地说，是对原则的内涵和应用进行了拓展，并将其应用在了自己的生活中。

在《高效能管理思考与实践》[27]一书中,我把明确原则放在了第2条的位置,紧接在第1条"明确目标"之后,这足以说明我对以原则为中心的重视。书中提到,明确原则的关键是先思考再行动,最好在做事前列出自己的原则。原则是需要事先思考的,因此,你要清楚自己最看重什么、最需要什么。当需要办事或做出选择时,你便会遵循自己的原则毫不犹豫地做出判断和选择,从而使做事的效率更高、效果更好。明确原则是指以原则为中心,它能让你不再纠结,并快速做出选择。

从实际应用的角度讲,原则泛指你说话、行事所依据的准则。

你的原则可以表明你最在意的或最看重的东西是什么,它们往往与你的价值观、世界观和人生观相关联。

停止纠结和无休止的争论的关键是以原则为中心。其核心是先思考再行动,在行动前制定自己的原则。

在制定原则前,你需要问自己一个问题:"你做这件事最看重什么?"换句话说,你做这件事依据的是什么原则。

无论原则是什么,只要事先想清楚,选择就会大不相同。表3-2可以帮助你进一步思考。

表 3-2　行事原则思考表

序号	事项：依据的原则（看重的因素）	排序
1		
2		
3		
4		
5		

注：依据的原则（看重的因素）可以是一段话也可以是一个短语、一个关键词等，以作为你今后说话、行事的准则。

案例 3-1：以大学生找工作为例

每一个即将毕业的大学生都会面临找工作的问题。他们通常会在 2 个时间节点出现纠结的情况：一是在招聘开始时，他们不知找什么样的单位好，只好广投简历；二是在招聘结束时，他们同时拿到几个单位的录用通知，不知如何做出选择。最主要的原因是，他们事先没有认真思考什么是自己看重的因素，不知道哪一个单位更适合自己。这属于适配问题。

每个人都希望找到适合自己的工作，其实，这是一个工作适配问题。

《适配：领英推荐的快乐工作法》一书中提到的工作适配六要

素[28]包括以下内容。

（1）工作意义适配——感到工作被重视、有价值。

（2）职位适配——工作职责与你的才能一致并为你提供成长机会。

（3）文化适配——价值观和信念与雇主的经营理念吻合。

（4）人际关系适配——喜欢并尊重同事，在工作上得到支持与信任。

（5）生活方式适配——雇主的制度与做法支持你工作以外的生活。

（6）财务适配——报酬合理，工资、奖金、福利、津贴、补贴等符合你的需求。

我经常在课上问学员这样一个问题：让你重新选择工作机会，假设你不受任何条件和资源的限制，也就是说，你想要什么机会就有什么机会，那么，在这种情况下，请思考你选择工作单位时看重的因素是什么？

这里，我归纳了多年来大家提及频次最高的10个因素，分别是行业发展、职业发展、社会认同、价值体现、工作氛围、企业文化、薪酬福利、工作地点、工作稳定程度、发展平台。

我请几个同学每人列出3个原则，并进行排序。表3-3是其中6位同学的原则和排序。

表 3-3　选择工作单位的原则思考举例

事项：如果有机会重新选择工作单位，请思考你的原则并排序						
序号	同学 1	同学 2	同学 3	同学 4	同学 5	同学 6
1	行业发展	社会认同	工作稳定程度	社会认同	薪酬福利	价值体现
2	职业发展	发展平台	企业文化	职业发展	发展平台	职业发展
3	薪酬福利	薪酬福利	职业发展	薪酬福利	工作地点	工作氛围

接下来，我们对这 6 位同学给出的原则进行解读。

从表中可以发现，有些原则是实打实的，或者说，有些原则你是可以感受到的，如行业发展、社会认同、工作地点、企业文化、工作稳定程度等，而有些原则相较之下显得不好衡量，或者说不好判定，因为这些原则只有在你入职后才可能感受到，如薪酬福利、工作氛围、职业发展、发展平台、价值体现等。

制定原则时，我建议你根据自身实际情况以及你能够感觉到或了解到的信息制定自己的原则。同时，排序很重要，尤其是排在第一位的原则，至关重要，它决定了你的去向。因此，你需要认真考虑，并且不断向自己发问。

例如，我问同学 5，如果有一个工作单位的工作地点与你期望的地点不同，而其他方面都很合你意，你是否还考虑去。她说不考虑。我说，那你就要在排序时将工作地点这个原则放在第一位。当你发现工作地点不能满足自身要求时，就马上放弃，不再纠结。

第一个原则至关重要。有的时候你面临几个选择，第一个原则会让你很快抓住机会。

例如，同学3的第一个原则是工作稳定程度，那么，假设她有两个工作机会，一个是国有企业，另一个是互联网企业，毋庸置疑，她会很快做出选择——选择前者。

这个例子告诉我们，你的原则越明确、越实在，你就越不容易纠结。

如果一个人在选择工作单位前没有认真思考过原则，那么，往往会出现以下4种后果。

后果1：当只有一个单位可以选择时，即使进入工作单位，还是会觉得无奈，之后总感觉不满意。

后果2：当有两个以上单位可供选择时，不能很快做出判断，或草率选择，甚至贻误时机。

后果3：进入某单位后，总是这山望着那山高，可能很快跳槽到别的单位，而且会不断跳槽。

后果4：处于某工作岗位时，总是不安于现状，或总是伺机寻找工作岗位的变动机会。

3.2 停止争论：基于原则展开讨论

以原则为中心，不但可以让你在工作和生活中有效避免纠结，还可以有效避免争论。

停止争论的关键是先设定原则，然后双方努力就原则达成共识，再基于此进行讨论。

工作中我们经常会遇到各种各样的争论，例如，要建设一个平台，是自建，还是合建？要买个东西，是看价格，还是看质量？要出台一份文件，是要效率，还是要效果？

案例 3-2：以平台建设为例

当我们讨论平台是自建还是合建这一问题时，需要综合考虑利弊，好的方面包括价值、可行性和利益，不好的方面包括风险、困难和挑战。

这里重点探讨可行性。因为如果一件事情本身就不可行，其他方面也都无从谈起。可行性背后的逻辑是知道时间、人力、财力等方面的保障情况。依此，我们可将其中每个方面最关键的因素挖掘出来，形成所依据的原则，例如时效性、可控性、持续性等（见表 3-4）。

表 3-4 依据原则思考表示例

事项：是自建平台还是合建平台			
序号	依据的原则	自建	合建
1	时效性		
2	可控性		
3	持续性		

注：时效性是指平台建设的时间是否满足要求；可控性是指平台的迭代开发是否随时可以进行；持续性是指平台的后续投资是否有长期保障。

这里，假设将时效性排在第一位，如果急需平台系统，然而凭借自身的资源（如人力、财力等）不可能在规定的时间内建好平台，那么，最好采取合建或外包的方式，这时，很大可能会选择合建。假设将可控性放在第一位，希望未来系统的迭代开发以及需求响应等掌握在自己手里，那么，很有可能会选择自建。

这个例子想说明的是，一旦确定了做事原则和排序，在很大程度上，结果就不言而喻了，这样可以避免不必要的争论。卡耐基在《人性的弱点：如何赢得友谊并影响他人》一书中提到他的一个原则，即"赢得争论的方法只有一个，那就是避免争论"。[29]

还要进一步强调的是，为了终止无休止的争论，在行动前，相关人员需要先就原则达成共识。原则一旦确定，就应该成为之后的行动指南。

在生活中，我们经常遇到这样的情况：朋友或同学发来邀请，邀你和其一起参加同学或朋友聚会。遇到这种情况，你会怎么办？一般存在以下 3 种情况。

情况 1：第一时间答应参加。

情况 2：不确定是否参加。

情况 3：第一时间回复不参加。

符合第 1 种情况的人，很有可能是喜欢聚会的人，通常随叫随到，并且不管谁邀请都会答应，因为他们最在乎朋友，进一步说，他们的原则或生活重心就是朋友。

符合第 2 种情况的人，大多是爱纠结的人，或者说是做事缺少自己的原则的人，他们手头或许有很重要的事情，但他们又很想参加聚会，不知如何取舍。

符合第 3 种情况的人，多半是有自己的做事原则的人，因为他们知道手头的事是他们最看重的，所以他们会毫不犹豫地放弃聚会。

案例 3-3：以是否参加聚会为例

针对是否参加聚会的问题，我曾经给自己列出 3 条具体原则（见表 3-5）。

表 3-5 结合自身实际情况的原则示例

序号	关于是否参加聚会的原则
原则 1	不参加周六、周日的聚会
原则 2	不参加有供应商的聚会
原则 3	不参加晚上的聚会

当我把原则想清楚并写下来时，我就会很清楚自己的选择。

有一次，我的发小从美国回来，我们的小学同学要为她举办一个聚会，日子选在周六。因她是 40 多年前去的美国，又是时隔多年第一次回国，因此报名参加聚会的同学很多。然而，当我得知聚会定在周六时，我第一时间回复参加不了，因为我要照顾老人。这是我的第一原则。为了见发小，我之后找了一个工作日的中午单独约她吃了饭。

也许当时有的同学会认为我不近情理，但后来他们评价我是一个既孝顺又有原则的人。

这个例子说明，做事情有原则，并坚持以原则为中心，会让你收获更多理解。正如瑞·达利欧在《原则》一书中所说："你在生活中将面临无数的选择，而你做出选择的方式将反映你的原则，所以用不了多久，你身边的人就将明白你依据怎样的原则为人处世。"[26]

3.3　停止攀比：追求内心富足

俗话说，"人比人，气死人"。这句话直接道出了攀比会导致的严重结果。

关于攀比，M.斯科特·派克在《少有人走的路：心智成熟的旅程》一书中提到，虽然培养竞争意识的确能让人变得顽强，但也不可避免会产生攀比心理。我们与别人攀比，与理想化的自己

第 3 章　情绪力：富足生命能量

攀比，与比自己强的人攀比。我们在攀比中苦苦挣扎，想要成为另一个人，而不是真实的自己。[30]

可以看出，停止攀比的真正目的是成为真正的自己。产生攀比的情境主要包括两种，第一种是与理想化的自己攀比，第二种是与比自己强的人攀比。

"与比自己强的人攀比"，更多的是在和与自己的经历和年龄差不多的人相比。例如，将自己的孩子与孩子同班的其他孩子相比等。

《整体养育》一书明确提到："不要拿自己的孩子和别人的孩子比。父母不能认为别人的孩子怎么样，你的孩子也要怎么样。别人的孩子可能这样要求不算过，但是你的孩子这样要求可能就过了，反之亦然。所以要基于自己孩子的特点和能力，切不可攀比。攀比的结果只会是父母焦虑，孩子焦虑。"[31]

换句话说，出现攀比，往往是因为忽略了自身实际情况，想得到更多自身能力所不及的东西。

想停止攀比，最有效的方法就是拥有富足的心态。《认知觉醒》一书中提到，唯有心智富足，方能解忧。[2]

拥有富足心态的人，会相信世界上有足够的资源，且人人得以分享。

心态富足的人往往能让人感知到他们的能量，他们身上往往具有 3 个特点：自信、从容和乐观。

表 3-6 展示了心态富足的人的 3 个特点及情绪表现。

表 3-6　心态富足的人的 3 个特点及情绪表现

序号	特点	情绪表现	方法示例
1	自信	不会在意别人的看法 不会嫉妒比自己好的人	找到自己的差异化优势
2	从容	遇事不急不躁 不慌张不亢奋	让时间尽在掌控
3	乐观	不会怨天尤人 脸上没有愁容	凡事总往好处想

关于自信，要找到自己的差异化优势，这一点在前两章中都有提及，这里不再赘述。

关于从容，要找到让时间尽在掌控的方法，关键在于做好每日计划。

假设一个人早上 6:30 起床，晚上 10:30 睡觉，每天清醒的时间有 16 小时，包括 3 个"黄金 3 小时"和 4 个"碎片化时间段"。

一方面，你可以按时间段安排事项，这种方式常用于已知有空闲的时间段，再努力把适合此时间段的事项安排进去的情况，有助于你充分利用每一时间段（见表 3-7）。

第 3 章　情绪力：富足生命能量

表 3-7　按时间段安排事项

序号	时间段	时间区间	今日要做的事项	预估时间
1	S1	6:30am–9:00am	A、I	1 小时
2	H1	9:00am–12:00am	B	3 小时
3	S2	12:00am–2:00pm	C、D	1 小时
4	H2	2:00pm–5:00pm	B	3 小时
5	S3	5:00pm–7:00pm	E	1 小时
6	H3	7:00pm–10:00pm	F、J、K	2 小时
7	S4	10:00pm–10:30pm	G	15 分钟

注：H 表示"黄金 3 小时"，S 表示"碎片化时间段"。其他字母表示要做的某个事项，为避免误解，事项中略去 H 这一字母，下同。

另一方面，你可以按事项安排时间段，这种方式常用于已知要做的所有事项，希望能有效安排各个时间段的情况，有助于保证各事项尽可能完成。

步骤是先列出今日要做的所有事项，然后估计每个事项需要的时间，并在此基础上思考完成每个事项的时间段。

你可以参考表 3-8 进行安排。

表 3-8　按事项安排时间段

序号	今日要做的事项	预估时间	时间段	时间区间
1	A	1 小时	S1	6:30am–9:00am
2	B	长时间	H1 H2	9:00am–12:00am 2:00pm–5:00pm

（续表）

序号	今日要做的事项	预估时间	时间段	时间区间
3	C	30 分钟	S2	12:00am–2:00pm
4	D	30 分钟	S2	12:00am–2:00pm
5	E	1 小时	S3	5:00pm–7:00pm
6	F	45 分钟	H3	7:00pm–10:00pm
7	G	15 分钟	S4	10:00pm–10:30pm
8	I	10 分钟	S1	6:30am–9:00am
9	J	30 分钟	H3	7:00pm–10:00pm
10	K	45 分钟	H3	7:00pm–10:00pm

充分利用每日的 3 个"黄金 3 小时"，做与工作目标和人生目标相关的事；有效安排每日的 4 个"碎片化时间段"，做与身心健康和自身修养相关的事。

关于乐观，稻盛和夫在《斗魂：稻盛和夫的成功热情》一书中提到，"对人生采取乐观开朗、积极向上的态度，是度过幸福人生的前提条件"。[21]

乐观的人，凡事总会往好处想。他们有将坏事变好事的信心和能力，还有对未来的希望和自己的不懈努力。例如，他们一定会从不好的事情中吸取经验教训，随后，立即忘掉不好的事情本身，让自己快速从坏情绪中走出来，轻装上阵，继续前行。他们从不害怕遇到问题，喜欢把遇到的挑战当成机会，当成对未来的期待，即使在遇到重大挫折甚至死亡威胁时仍能坦然面对，积极

第3章 情绪力：富足生命能量

对待，从不怨天尤人。

我尤其敬佩那些面临死亡威胁时仍能乐观面对的人。

案例3-4：关于乐观的真实故事

Z老师，北京某大学十佳教师、教授、硕士生和博士生导师，北京高等院校教学名师。2015年3月发现直肠癌中期并手术，3个月后复发，5年后发生肝转移，随后不到一年发生大面积肝肺和淋巴转移，于2021年12月30日不幸离世，享年64岁。

在与癌症抗争的近7年里，Z老师的乐观态度感染了许多人，其中有几个故事尤其令人动容。Z老师的思维方式是，一定要过好每一天，只要还有治疗方法，就会积极配合治疗；只要还有一线机会，就会全力配合。在癌症中期，当医生说已经没有可用的抗癌药时，他几次欣然接受邀请，加入肿瘤医院的药物实验组，在他看到与他一起加入实验组的很多病人相继离世后，他仍能乐观面对、积极配合。正是他的乐观和努力，让一款最长耐药时间为几个月的抗癌药的实验数据延长至3年半以上，Z老师也被医生称为"抗癌明星"。当Z老师被医生告知已无手术可做、无药可用时，他又自行积极尝试国外已经上市的药。这期间，他又经历了脑梗死、肠梗阻、心肌梗死等一系列并发症。然而，无论多么痛苦，Z老师在别人面前始终面带微笑，尤其在面对学生和家人的时候。

在癌症晚期，癌细胞已经转移到肝部和肺部，但他还坚持一有时间就到公园吹笛子，给喜欢唱歌的中老年人带去欢乐。每当从医院回到家，他做的第一件事就是拿起心爱的笛子吹上一曲。直到最后，他的手已经无法拿起笛子时，他开始坦然地面对死亡。

最令人动容的是，在生命的最后时刻，他还一直惦念着自己指导的最后一名博士生的论文答辩，他坚持对学生进行指导并把事情交代完毕。他还惦记着90岁高龄的老父亲，将一切事情安排妥当。最令人佩服的是，在与癌症抗争的近7年里，Z老师一直坚守在教学第一线，他所指导的博士生多次获得校长奖。

人们在给他的评价中这样写道："非常有幸成为您的学生，您宽厚、博学、严谨的言传身教，以及积极乐观的人生态度，让我在读研以及之后的生活和工作中都受益良多。""没屈服于病魔，没低头于命运。用言语、用微笑，保留着自己固有的童心、坚守自己心爱的三尺讲台。没抱怨于不公，没屈服于现实，用行动、用信念告诉上天这就是我：不屈、无畏与坦然。时间虽短，却不输精彩，虽有遗憾，却已经如愿。""您用自己的智慧为学生带来成长，用自己的笑容为家人带来安慰，用自己的笛声为别人带来欢乐，用自己的奉献为社会留下传承。""在生活中，您永远都是那么开朗乐观、坚强豁达！每每看到您，都让人如沐春风！""您一生高风亮节，淡泊名利，乐观开朗，治学严谨，把毕生精力用在为国家培养优秀人才的事业上！""'春蚕到死丝方尽，蜡炬成灰泪始干'是您一生的真实写照。"Z老师带出的硕士研究生和博士研究生共40余人，发表学术论文110余篇，其中30余篇被EI、

SCI 收录，获得多项国家专利和实用新型专利，主编出版多部教材，多次获得北京市教学成果奖。

这个例子告诉我们，乐观可以给自己的生活带来不竭的内驱力。我们需要做的是，做好自己，过好每一天。

拥有富足的心态不是一蹴而就的。从某种程度上讲，让自己心态更富足是我们一生的追求。

3.4 停止忧虑：找到适合自己的方法

忧虑是如何形成的呢？

在大多数情况下，是压力造成了忧虑。正如卡耐基在《找回快乐的自己：如何停止忧虑，开创幸福人生》一书中所说，"工作的压力是忧虑的主要来源，但忧虑最能伤害到你的时候，不是在你有所行动的时候，而是在一天的工作做完了之后"。[32] 你是否注意到，当你在工作中出现过失或者差错时，你害怕同事或者上司发现时，你心中就会有一股强大的压力。这股压力是我们每个人都会有的，因为我们都或多或少地在工作中出现过失误。

在工作和生活中，有些人由于压力大，总是闷闷不乐，甚至忧虑不已。他们对发生过的事情感到后悔，对未发生的事情充满担心。然而，有些人尽管压力很大，却很少忧虑。他们脸上总是充满笑容，身上散发着满满的正能量，没有他们解决不了的问题，没有他们化解不了的压力。

是他们没有烦恼的事吗？不是。我们惊奇地发现，一些人没有忧虑，并不是因为他们没有烦恼的事情，而是因为他们有化解忧虑或停止忧虑的方法。

首先，一个能够停止忧虑的人往往是一个充满正能量的人。

其次，一个能够停止忧虑的人往往是一个有自己的妙招的人，或者说，是一个已经找到自己特有方法的人。

具体说来，这涉及 2 个话题。

我们先说第 1 个话题：充满正能量。

在生活中，我们经常发现，具有以下 4 种表现的人会被认为是充满正能量的人（见表 3-9）。

表现 1：愿意鼓励他人。

表现 2：乐于助人。

表现 3：懂得感恩。

表现 4：总能发现闪光点。

表 3-9 正能量表现及其对应的人和事

序号	正能量表现	对应的人	对应的事
1	愿意鼓励他人		
2	乐于助人		
3	懂得感恩		
4	总能发现闪光点		

注：请思考，在工作和生活中，哪些人具有这样的表现，写下他们的名字。

第3章 情绪力：富足生命能量

如果针对每一个正能量表现，你能马上写出对应的人和事，说明你也是一个充满正能量的人，或者说，你应该不是一个喜欢忧虑的人。

这里重点讲述正能量表现4：总能发现闪光点。这里是指总能看到人或事背后的亮点。

表3-10列出5种现象，请你看一下自己能否发现这些现象背后的闪光点。

表3-10　发现闪光点思考表

序号	现象	你能发现的闪光点
1	爱旅游	热爱生活、身体健康、有探索精神、有激情、乐观、开朗、自理能力强、计划能力强、时间管理能力强……
2	爱跑马拉松	
3	愿意分享	
4	善于总结	
5	对IT感兴趣	

注：这里我仅给出示例，其他项目请你试着填写一下。

相信每个人都会对其中的现象有自己的解读。

例如，针对第一个现象，有些人也许看不到我列出的这些闪光点，他们会认为爱旅游的人有钱、有闲、爱折腾……在他们身上，人们或多或少总能感受到一些负能量。

我每次讲课时都会提及这些问题。令人高兴的是，有些学员竟然能在短短的5分钟内，针对某一种现象提出10个以上的闪光点。在他们身上，我能发现满满的正能量。

这里，我想与大家分享其中3种现象背后的闪光点。

一个爱旅游的人背后的闪光点包括生活态度积极、乐观、热爱生活、见识广、吃苦耐劳、身体好、素质高、会规划、有情怀、向往美好、有追求、有激情、有志向、爱探索、勇敢、坚韧、爱创新、执行能力强等。

一个对IT感兴趣的人背后的闪光点包括逻辑思维能力强、耐得烦、挨得批、能熬夜、稳重、冷静、执着、学习能力强、创新意识强、条理清晰、沟通能力强、专注力强、责任心强、追求细节完美、有全局观、规划能力强等。

一个善于总结的人背后的闪光点包括有阅历、能接纳他人、效率高、善于抓重点、目标明确、逻辑清晰、有全局观、善于观察、勤奋、有更高的追求、爱思考、自信、乐于分享、爱自我反思、有责任心、主动、表达能力强、学习能力强、心态开放、善于组织、知识面广、做事有序、淡定、踏实、认真、有领导力等。

我想说明的是，一个人对人或事背后所反映的东西的解读，一方面可以表现一个人透过现象看本质的能力，另一方面也可以直接看出一个人是否充满正能量。

我们说，经常忧虑的人与很少忧虑的人最大的区别在于，经常忧虑的人看到的往往是人或事情背后不好的方面，而很少忧虑

第 3 章 情绪力：富足生命能量

的人看到的则往往是人或事情背后好的方面。

下面我们讲述第 2 个话题：针对忧虑，我们如何找到适合自己的方法？

卡耐基在《人性的优点：如何停止忧虑，开创人生》一书中提到 6 个消除忧虑的心理原则[33]。这 6 个原则包括：

（1）首要方法是使自己忙碌起来；

（2）不要被生活中的小事所困扰，要忘掉它们；

（3）用概率衡量自己担心会发生的事情，以此宽慰自己；

（4）对于那些无法改变的事情，我们要轻松地接受；

（5）为忧虑限定一个标准；

（6）要从过去的错误中走出来。过去的错误唯一的意义是让我们冷静地分析错误并吸取教训，忘掉错误本身。

可以看出，要想消除忧虑，转变思维方式至关重要。

当你在工作中遇到烦恼和忧虑时，你可以按照《人性的优点》[33]一书中提到的，尝试思考以下 4 个问题。

问题 1：问题究竟是什么？

问题 2：问题出现的原因是什么？

问题 3：这个问题有哪些解决方法？

问题 4：你认为最有效的方法是哪个？

有些人未必能很快给出上述 4 个问题的答案，因为陷入忧虑或忧郁最主要的原因是找不到适合自己的解决方法。

基于卡耐基的 6 个原则，结合多年的思考与实践，我提出一个方法列表（见表 3-11），供你选择。希望你可以从中快速找出停止忧虑的方法。

你所找到的方法最好具有以下 3 个特点：自己喜欢、适合自己、可控。换句话说，方法要具有 3 个特性：认可性、可行性、持续性。

表 3-11 列出了 10 种切实可行的停止忧虑的方法。请你勾选可能适合自己的一种或多种方法。

表 3-11 停止忧虑的方法

序号	停止忧虑的方法	可采取的行动	你的选择
1	使自己忙起来	把每天 3 个"黄金 3 小时"和 4 个"碎片化时间段"都安排好	
2	多做户外运动	如爬山、跑步、走路、打球等	
3	尽力帮助他人	每天做一件能够帮助他人的事	
4	做自己喜欢做的事	如唱歌、画画、写字、看书、养花等	
5	分析最坏的结果，接受并改善最坏的结果	做最坏的打算，做最好的努力	
6	对于无法改变的事情，轻松接受	坦然面对，当成积累经验的机会	
7	衡量担忧的事情会发生的概率	对小概率事件忽略不计	
8	清楚描述令你担心的事，思考解决办法	将担心的事全部列出来，看一下哪些是自己可以改变的	

（续表）

序号	停止忧虑的方法	可采取的行动	你的选择
9	从错误中吸取教训，忘掉错误本身	列出3条教训，并记住它们	
10	为忧虑设定一个"到此为止"的标准	给自己设定一个原则，如今日事，今日毕等	

以上这些方法只是抛砖引玉。希望你能在此基础上找到适合自己的方法。适合的才是最好的。

这里重点讲述最后一个方法：为忧虑设定一个"到此为止"的标准。寻找自己的"到此为止"的标准关键在于结合自身实际情况。

案例3-5：以设定"到此为止"的标准为例

一个非常喜欢思考的女孩，有时候会走向另一个极端，即经常做假想，或提早忧虑未来的事情。她经常会把一个很小的事件无限放大，夸大其词，自己吓唬自己，致使自己整天处于紧张状态，满脸愁容，苦不堪言。例如，她会对自己与领导说过的话感到忧虑，总认为是不是哪句话说错了，会不会已经给领导留下了不好的印象；当她的工作中出现一个小瑕疵时，她就会说"我可能要被解雇了"；当她发现自己的女儿拿着开着盖的大人牙膏时，她会觉得孩子可能接触了含氟的牙膏等。后来她发现，其实，事情根本没有她想象的那样严重,她的某些担忧根本就没有发生。当她的身体后来状况频发时,她终于开始思考适合自己的原则,以让自己从忧虑中摆脱。她还看过心理咨询师,咨询师给她的方法是让她每天把令自己焦虑的事情写在一张纸条上,然后放到一个瓶子里。没想到,这个女孩每天看到瓶子里的纸条,只会变得更加焦虑。最终,她决定针对自己的实际情况找出适合自己的方法。

起初她思考出几条原则,经过一段时间的实践,她发现让自己最受用的一条原则就是,不确定事情是否会发生时,就认定事情肯定不会发生。她的这条原则正是受了乔治·库克的启发,即"几乎所有的忧虑和烦恼都出自人们的想象而非现实"。

这个女孩找到了自己的方法并加以实践,经过不到两年的努力,她改变了自己的状态,脸上的笑容多了起来,身体状况也好了起来。

这个例子告诉我们,只有自己最了解自己。我们要成为自己的"心理咨询师"。停止忧虑最有效的方法必须通过思考与实践来获得。

3.5 小结

人们工作和生活中经常出现的4种情绪性行为包括纠结、争论、攀比、忧虑。

第 3 章　情绪力：富足生命能量

本章讲述如何通过控制自己的想法来停止这些负面的情绪性行为。

想控制自己想法，最有效方法是事前思考你的做事原则，并以原则为中心开始行动。正如克莱门特·斯通所说："如果能控制自己的想法，就能左右自己的情感。"

停止纠结的有效方法是养成做事前先设定自己的原则的习惯，然后基于原则进行选择。

停止争论的有效方法是让争论双方先就讨论事宜的相关原则达成共识，再在此基础上展开讨论。

停止攀比的有效方法是让自己的内心变得富足，相信世界上有各种各样的资源，人人都可以分享。

停止忧虑的有效方法是结合自身实际情况，尽快找到适合自己的方法。本章给出 10 种实用的方法供大家参考和选择。

思考 + 情绪力可以帮助大家找到控制自己想法的方法：认识自己的情绪，设定自己的原则，开始相应的行动，追求内心的富足，找到适合的方法，从而避免纠结、争论、攀比和忧虑等情绪性行为。

提升情绪力的目的之一是成为一个觉知者，停止将负面情绪传达给他人且乐于觉知正面情绪，最高境界是成为一个优雅的人。

让我们一起出发吧！

第 4 章

敏捷力：拓展多维思路

"没有思路，就没有出路。"

——张瑞敏

"思路决定出路。"

——牛根生

当今时代，"敏捷"一词会在很多方面被提及。话题涉及敏捷人才、敏捷团队、敏捷组织、敏捷开发、敏捷测试、敏捷管理、敏捷决策、敏捷转型和敏捷思维等许多角度。然而，无论涉及哪个方面、哪个话题、哪个角度，其实都是在强调敏捷力的重要性。

《敏捷人才：选拔未来顶尖人才的9个步骤》一书中提到，敏捷就是迅速、柔韧并不停地行动。[34]

本章将从敏捷思维的角度展开，讲述在相对短的时间内，如何快速打开思路，找到更多新思路，指导下一步行动。

"快鱼吃慢鱼"。思路敏捷在未来行动中起着举足轻重的作用。

思路不敏捷往往有3种表现形式：（1）经常会出现想不出方法的情况；（2）想出的方法没有新意；（3）在单位时间内想不出太多方法。

那么，如何才能让思路更敏捷呢？

本章将讲述2种实用的思维方法：内涵法和实物法，它们都是基于问题的思维方法，可以帮助你快速打开思路，为下一步行动找到切实可行的解决方案。这2种方法的形成受到了爱德华·德·博诺的《六顶思考帽：如何简单而高效的思考》[35]一书的启发，并经过多年的思考与实践打磨。

在讲述这2种方法前，我们有必要先谈一下关于问题的界定。发明家查尔斯·凯特宁曾经说，"能把问题讲清楚，就等于解决了一半"。

4.1 问题界定：用一句话表达清楚

威廉·J.瑟勒等在《沟通力：高效人际关系的构建和维护》一书中说到，"一旦你确定了合适的主题，下一步就是判断主体范围是否足够具体，以满足时间限制和会议要求。这一步可以为你

第 4 章 敏捷力：拓展多维思路

节省很多时间和减少麻烦。因为一个重点突出的主题比一个过于笼统的主题更容易研究"。[36]

在工作中，我们常以开会的形式讨论问题和解决问题。

人们在开会时通常的做法是，主持人先抛出一个问题，接下来就会直接进入讨论环节，很少去问参会者是否听懂了他所提出的问题或是否有异议，这就导致经常出现这些情形，如会上的参会者缺少参与、争论不休、各说各话、会议时间过长、无有效的输出结果等。

其实，造成以上这些情形的根本原因是，主持人在会议开始时没有将所要讨论的问题界定清楚。

问题界定清楚的关键在于，能否用一句话将问题表达清楚，且这句话不存在任何异议。

要想用一句话将问题表达清楚，有的时候说起来容易，做起来难。会议中，我们经常会遇到这样的情况：有的人说了一大堆话，但大家不知道他要表达的中心意思是什么。如果你请他把自己的话重新组织一下，让他用一句话把他想说的话表达清楚，他会想很长时间，有的时候他甚至找不出这样一句话。

一般来讲，为了能用一句话将问题表达清楚，我们需要经过以下 4 个步骤。

步骤 1：提出初始问题。

步骤 2：对初始问题进行拆解、细化，形成多个子问题。

步骤 3：对子问题进行优先级排序或分类。

步骤 4：用一句话把问题表达清楚。

这里给大家介绍 2 种经过实践检验的问题界定方法：排序法和分类法。

排序法：对初始问题进行拆解，然后按照感兴趣程度对子问题进行排序。

分类法：对初始问题进行拆解，然后按照相对独立的方面对子问题进行划分并排序。

需要注意的是，无论哪个方法，问题界定的前提都是将初始问题拆解成多个相互独立的子问题。

下面先讲问题界定的第 1 个方法：排序法。

假设你是会议主持人，会议的初始问题是如何提高员工的满意度。

这个问题听上去大家都能理解，这时你需要接着问："这个问题不知是否已经表述清楚了？""大家对这个问题还有什么异议？"

一开始，可能没有人会提出异议，但不要紧，你要不断地问，人少的时候你可以让每个人都表态，让他们表明自己是否听明白了。这时，只要有一个人提出质疑，其他人就会跟着提出更多异议，这样就会产生许多子问题。

具体说来，排序法就是将初始问题细化成若干子问题，再采取投票或表决的方式选出一个大家认为最想解决的问题,并依据表决结果对子问题进行排序。

表4-1可以帮助我们更好地分解和细化异议,并对其进行排序。

表4-1 问题排序示意表

初始问题:		
序号	该问题可能涉及的子问题	排序
1		
2		
3		
4		
5		

注:列出的子问题要相对独立,若不独立,可以采取归并的方式。

案例4-1:以如何提高员工满意度为例

假设初始问题是如何提高员工满意度。对于这个问题,我们首先要明确问题中的满意度到底是指哪个方面的满意度。大家可能会关注很多方面,如职业生涯发展、员工福利、食堂餐饮、办公环境、能力培训等(见表4-2)。

表4-2 排序法示例

初始问题:如何提高员工满意度		
序号	该问题涉及的内涵	排序
1	职业生涯发展	

(续表)

初始问题：如何提高员工满意度		
序号	该问题涉及的内涵	排序
2	员工福利	
3	食堂餐饮	②
4	办公环境	①
5	能力培训	③

假设我们经过投票选出排在第一位的是办公环境方面的问题。

用一句话表达清楚，可以是"如何提高员工在办公环境方面的满意度"。

这个例子告诉我们：如果没有把问题弄清楚就开始想办法，那么，你就会胡子眉毛一把抓，问题也不能快速而有效地得到解决。

你可能会问，还有许多其他方面的问题需要解决，剩下的方面要怎么办？接下来，我们需要做的是采用分次、分批、分时间段开会的方式，每次只讨论一个问题，最终让每个方面的问题都得到真正解决。

下面讲问题界定的第2个方法：分类法。

具体来说，分类法就是依照所看重的方面事先进行分类，例如，可以按照《聪明人的魔法箱》[13]一书中提到的重要性、紧迫性、趋势/频率去分类。然后，分解初始问题，再将分解出来的子问题放入相应分类，最后根据现实需要，选择你当前最想解决的问题。如果每类问题不止一个，还需要进行排序。

假设根据大家经常提到的词语进行分类，可以将问题分为以下5类。

（1）最关心的问题。

（2）最棘手的问题。

（3）最需要马上解决的问题。

（4）最容易解决的问题。

（5）最难解决的问题。

这里，有些问题可能会有交叉，例如，最关心的问题有可能就是最需要马上解决的问题，最难解决的问题有可能就是最棘手的问题，等等。你要做的是，事先给出每个分类的具体解释，让各个分类尽可能相互独立。

例如，会议主持人可以根据实际情况聚焦一个最想解决的问题，它可能是上述问题中的一个。

表4-3有助于我们对问题进行分类。

表4-3 问题分类示意表

初始问题：		
序号	类别	该问题涉及的内涵
1	最关心的问题	
2	最棘手的问题	
3	最需要马上解决的问题	
4	最容易解决的问题	
5	最难解决的问题	

然后,主持人需要根据实际情况对会议讨论的问题重新进行说明,如本次会议是想解决领导/群众最关心的问题,并且要用一句话把问题表达清楚。

问题界定是打开思路的前提,并且是关键的一步。没有明确的问题界定,之后的一切讨论就有可能走偏或无法聚焦,导致讨论很长时间却得不到结果或得不到想要的结果,也就更谈不上敏捷。在我看来,提升敏捷力在很大程度上属于提升效能,效能就是效率加效果。

有了明确的问题界定,下面我们开始讲述让你快速打开思路、快速解决问题的方法。

关于解决问题的方法,大家之前可能或多或少都听说过一些,例如,头脑风暴法、列名小组法、鱼骨法、GROW模型法等。

这里,我提出2种方法:内涵法和实物法。这2种方法的提出得益于对《六顶思考帽》课程的学习,以及我作为一名《六顶思考帽》课程认证讲师多年来的不断思考实践。

4.2 内涵法:从初始想法中获得更多方法

《没有如果,只有结果》一书中提到,有时候解决问题很简单,只要找到问题的本质,就好办。[37]

爱因斯坦说过:"如果我用一小时来解决一个问题,我会花55分钟思考问题本身,然后花5分钟给出解决方案。"

我们在工作和生活中经常会遇到这样的情形:对于想要解决的问题,仅有初始想法。初始想法指的是你在最初立刻产生的想法,有可能是你或大家首先想到的想法,也可能是领导给出的初步想法。

内涵法是指从已经想到的初始想法中提取深层次的内涵,也就是其背后隐藏的含义,再从找到的内涵出发,想出更多的方法(见表4-4)。

表4-4 内涵法示意表

问题:			
序号	初始想法	内涵	更多的方法
1			
2			
3			

案例 4-2：以运用内涵法提高员工满意度为例

假设仍是"如何提高员工满意度"这个问题，我们最容易想到的初始想法可能是提高薪资水平，或是增加福利、加强培训等。尤其在短时间内，你可能很难一下子想出更多方法。

然而，如果我们通过这些初始想法挖掘出其背后的深层次内涵，我们很容易就会产生更多方法（见表4-5）。

表 4-5 运用内涵法提高员工满意度示例

问题：如何提高员工满意度			
序号	初始想法	内涵	更多的方法
1	提高薪资水平	获得感	职业发展、平台、薪酬、福利、餐饮、环境、奖品、培训、休假、体检……
2	增加福利	获得感	同上
3	加强培训	获得感	同上

这个例子告诉我们，如果没有对初始想法进行内涵提取，大家的目光可能会局限于已知的几种方法，缺少新意。然而，挖掘出内涵后，我们会发现，方法还可以有很多，你甚至可以很快找到十几个解决办法。这就是内涵法的魅力所在，它让你在单位时间内快速跳出传统的思维框架，从初始想法出发，获取更多的方法。

第4章 敏捷力：拓展多维思路

4.3 实物法：从物体特性引发创新的想法

实物法类似于《聪明人的魔法箱》[13]一书中提到的随机词汇法。

这里，实物法会让你有更直观的感受，你可以通过直接观察实物的大小、形状、设计、颜色、品牌、功能等方面的特征，更立体、更全面地找到关于此实物的具体特点。这种方法的优点是容易让大家达成共识或觉得感同身受，并派生出更多新的可能性。

实物法通常适用于已有问题但无法在短时间内找到多个方法或新的方法的情形。

实物法主要包含以下4个步骤。

步骤1：明确焦点问题。

步骤2：选择一个在你眼前的实物。

步骤3：分析该实物的特点或特性。

步骤4：根据实物的特性，结合问题，努力思考更多的新想法。

实物法示意图见图4-1。

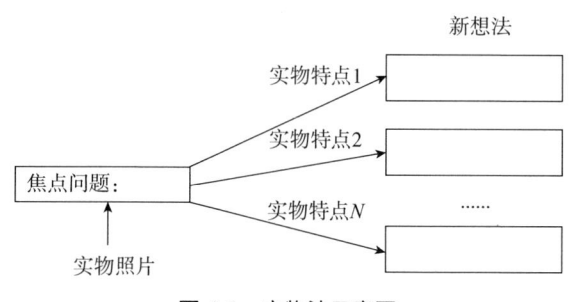

图4-1 实物法示意图

案例 4-3：以运用实物法提高员工满意度为例

现在，我们仍以如何提高员工满意度这个问题为例，看看实物法还能给我们带来什么新想法。

假设我们找到的实物是一本书，那么，你会产生哪些新想法？

我们先分析一下图书都具有哪些特点。这里，仅假设书有以下 3 个特点。

特点 1：价值。图书之所以能够出版，是因为其内容具有一定价值，或者说，它能够带给别人启发和改变。

特点 2：获得感。纸质图书是一个实实在在的东西，拿在手里会让人产生获得感。

特点 3：传承。好的图书可以起到传播、传递、传承知识的作用。

鉴于这 3 个特点，利用实物法，我们可以产生更多新想法（见图 4-2）。

这个例子告诉我们，实物法可以带给人们更多的视角及新想法。以"图书"这一实物为例，除了"获得感"，我们还发现了"价值"和"传承"等新维度。

可能有人会问，实物法需要找到什么样的实物以及要找到多少个实物才算可以呢？其实，这并不重要。重要的是，实物法让你有机会从以往的思维模式中跳出来，并且很快能派生出与以往

第4章 敏捷力：拓展多维思路

思路不同的更多新想法。

下面请与我一起感受这两种方法在工作和生活中的应用及其魅力吧！

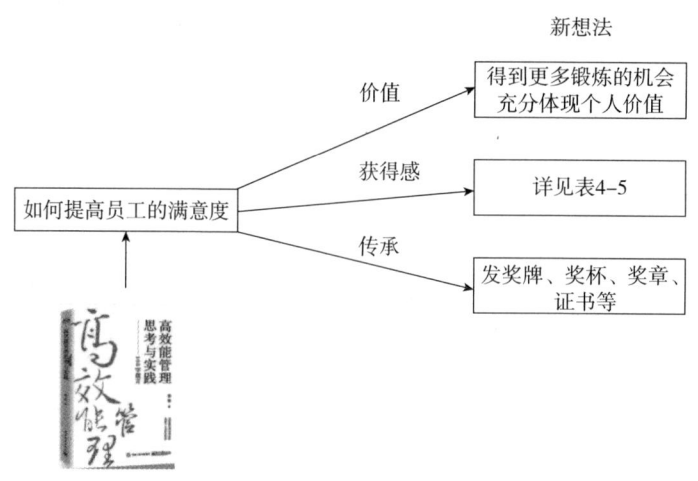

图 4-2 实物法之提高员工满意度示例

4.4 应用案例：感受方法的魅力

这里，我将与大家分享应用案例。目的是让大家能真正学会内涵法和实物法，真正感受到其魅力，同时，希望这些案例能起到抛砖引玉的作用，真正帮助大家解决工作和生活中的实际问题。

本小节涉及 10 个应用案例，是从近 100 个案例中精心筛选出来的问题，其中 4 个案例应用的是内涵法，6 个案例应用的是实物法。每一个案例力求具有以下 3 个特点：真实、实用和普适。

所有应用案例涉及的问题都是现实中当事人最关心和困惑的问题。

应用案例1：如何保持身体健康。

这个问题相信每个人都很关心。我也一样。

54岁那年，我做出了人生中第4次重大选择，我选择主动退出管理岗位。其实，当时最主要的原因是个人身体出现了许多状况。因此，如何保持身体健康这个问题是我当时最关注的问题。

针对这个问题，我用内涵法进行了思考。

在我看来，保持身体健康背后的深层次含义其实是控制情绪和让寿命更长。从控制情绪的角度出发，我提取的内涵是"平和"；从让寿命更长的角度出发，我提取的内涵是"持续"。

我的思考结果如表4-6所示。

表4-6 内涵法之保持身体健康示例

问题：如何保持身体健康		
初始想法	内涵	更多的方法
控制情绪	平和	不冲动、不忧虑、不攀比、不争论、悦人悦己、凡事往好处想、降低期望值、有自己的做事原则、做自己喜欢做的事等
让寿命更长	持续	走路、做操、唱歌、练书法、画画、听音乐、看书等

通过内涵法，我们可以快速找到适合自己的方法，并开始行动。例如，有自己的做事原则，做自己喜欢做的事，做对身心健

第 4 章 敏捷力：拓展多维思路

康有益的事，包括唱歌、练书法、画画等。

应用案例 2：如何做好"传帮带"。

"传帮带"背后的一个重要内涵其实是助人。据此，我们可以提出更多的方法（见表 4-7）。

表 4-7 内涵法之做好"传帮带"示例

问题：如何做好"传帮带"		
初始想法	内涵	更多的方法
传授经验	助人	写书、讲课、咨询等

通过内涵法，我们可以意识到还有哪些方法是自己未曾考虑到的，我们可以找到这些方法，并开始尝试。例如，为初入职场的新人提供职业发展咨询，为年轻的父母提供亲子教育咨询，等等。

应用案例 3：如何加强培训工作。

接受员工培训是很多员工所期盼的，也是员工培训负责人的职责所在。他们最渴望的是能有更多的培训机会，让所有员工的能力和素质得到不断提升。

假设大家的初始想法是增加培训次数、增加培训种类、全员参与培训，那么从中提取的内涵则分别是频次、内容、对象。

借助内涵法，我们可以得出更多的方法（见表 4-8）。

表 4-8　内涵法之加强培训工作示例

问题：如何加强培训工作		
初始想法	内涵	更多的方法
增加培训次数	频次	每月、每两个月、每季度、每半年、每年等
增加培训种类	内容	专业相关培训、能力提升培训、职业发展培训、亲子教育培训、中年幸福培训、高效能管理培训、思考与实践培训等
全员参与培训	对象	新员工、后备干部、管理者、项目经理、项目主管、市场营销人员、支撑人员、全体员工等

通过内涵法，人们可以发现还有哪些方面的培训是之前没有开展的，之后可以开展。例如，可以每年分批针对不同对象或全员开展高效能管理培训等，为员工赋能，助力企业高质量发展。

应用案例 4：如何让孩子快速成长。

很多家长都希望自己的孩子能快速成长。然而，让孩子快速成长到底意味着什么，他们并不十分清楚，也就更谈不上去寻找更多方法。有的时候，因为不得已，只好跟风。有的家长会发现，自己付出了那么多，但结果总不尽如人意。其实，在孩子成长的不同阶段、不同时期，家长对快速成长的诉求是不一样的。

假设你是孩子的家长，针对如何让孩子快速成长这个问题，你的初始想法是让孩子爱上学习和自主学习，那么，我们可以从中提取的内涵是获取新知和独立。由此，可以从这两个内涵中派生出更多的方法（见表 4-9）。

第 4 章 敏捷力：拓展多维思路

表 4-9 内涵法之孩子成长应用示例

问题：如何让孩子快速成长		
初始想法	内涵	更多的方法
爱上学习	获取新知	旅游、看书、看展览、看电视、看电影、参加课外活动
自主学习	独立	有自己的爱好、有自己的梦想、有自己的计划、有自己的阶段性目标、有自己的朋友、有自己的空间

通过内涵法，人们有机会发现更多之前从未想到的方面，有动力尝试更多的可能性，有可能找到适合自己的方法。例如，让孩子养成看书的习惯、发掘自己的梦想、培养自己的爱好等都是可以让孩子受用终身的方法，不妨一试。

下面将分享 6 个实物法的应用案例。这些例子均为真实案例，所涉及的问题都是当事人认为当下经常碰到的，或最让他们困惑的、急需解决的问题。当事人的年龄大多在 40 岁以下。有些人刚进入职场，有些人已为人父母，有些人正值事业上升期，有些人始终找不到自己的事业发展方向，等等。

应用案例 5：如何解决加班频繁的问题。

现在很多人，如做市场的人、做财务的人、身处互联网行业的年轻人等常会遇到频繁加班的问题。

对于这个问题，我们可以选择"剪刀"作为实物。

可以发现，这把剪刀至少有 6 个特点：①平衡；②锋利；③

需要打磨；④是工具；⑤配合；⑥技巧性。根据剪刀的这 6 个特点，结合具体问题，我们可以很快得出若干新想法（见图 4-3）。关于新想法的具体描述，我在这里就不一一赘述了。

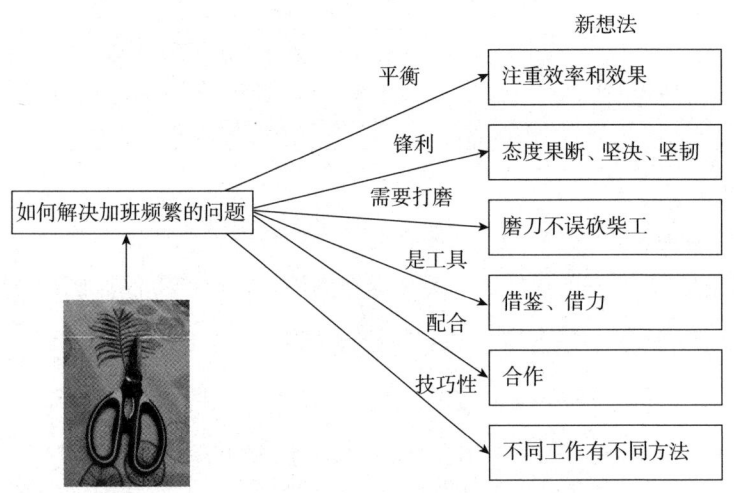

图 4-3 实物法之以剪刀解决加班频繁的问题示例

通过实物法，我们可以发现，一个问题不止一种解决方法，可以有很多方法。我们需要结合实际工作，找出最适合自己的、易操作的，并且可以长时间受用的方法。其实，造成频繁加班的原因有很多，有些可能是工作性质的问题，但更多的则是方法的问题，甚至涉及能力提升的问题。例如，采用注重效率和效果的方法解决问题，关键是要在提升时间管理能力上下功夫，懂得事先做好计划。还可以通过借鉴别人的经验，或借助平台工具，快

第 4 章 敏捷力：拓展多维思路

速完成工作。

应用案例 6：如何克服年关焦虑症。

人们通常不会一年到头都在忙，有些人的忙碌是阶段性的，例如，月底忙、月初忙、年底忙、年初忙，或随着某个时间的临近而忙碌。但更多的情况是年底会比较忙。有的时候，那些在年底比较忙的人，例如财务人员，甚至会出现焦虑症的症状。造成焦虑症的原因有很多，例如，感觉手头事情太多，时间总也不够用等。

对于这个问题，我们可以选择特殊形状的"马克杯"作为实物。

可以发现，这个马克杯至少有 6 个特点：①容器；②形状不规则；③有把手；④红色；⑤有牛的图案；⑥有设计感。根据这 6 个特点，结合具体问题，我们可以很快得出若干新想法（见图 4-4）。

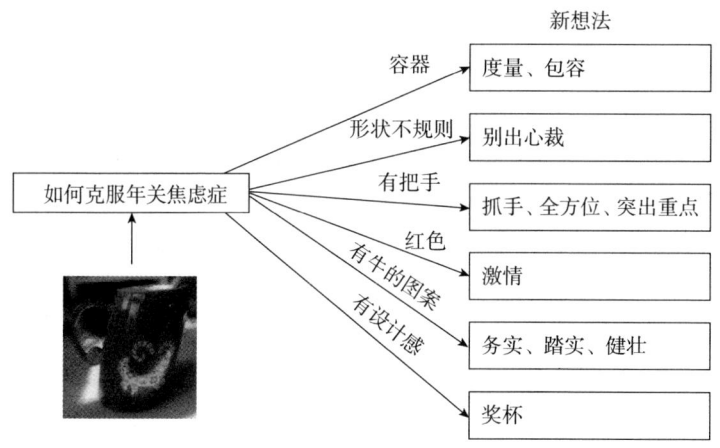

图 4-4 实物法之以马克杯为实物克服年关焦虑症的示例

通过实物法，人们可以发现之前从未想到过的方法，跳出传统的思维模式，找到新的出路。例如，新的方法中提到抓手，给人的启示是，在工作中可以先找到重点，进一步说就是要抓住重要而又紧急的事，"安排好你的大石头"，让时间尽在掌控。

应用案例7：如何解决压力较大的问题。

现如今，很多人会感到生活的压力很大，尤其是那些进入职场不久或职业发展刚起步的人们，他们往往希望自己能够快些实现财务自由，可以不给父母造成过多负担，或者提升自己的生活质量。

对于这个问题，我们可以选择带有"机器猫"图案的杯子作为实物。

可以发现，这个杯子上的机器猫至少具有4个特点：①乐观；②友谊；③有次元袋；④逛街。根据这4个特点，结合具体问题，我们可以很快得出一些新想法（见图4-5）。

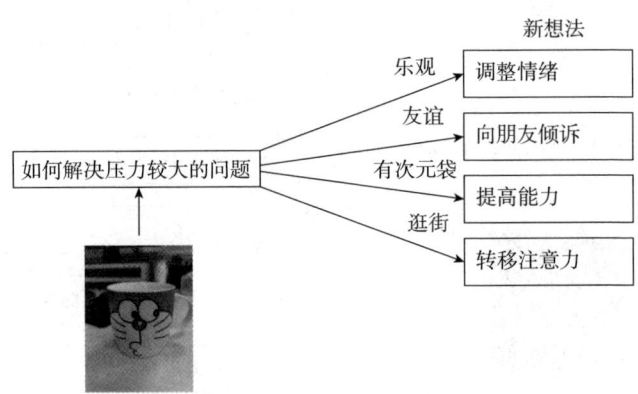

图4-5 实物法之以带有"机器猫"图案的杯子为实物解决压力较大的问题示例

第 4 章 敏捷力：拓展多维思路

通过实物法，人们可以发现不一样的关注点。见识越广的人，越会得出更多有趣的、新颖的方法。例如，这里提到的向朋友倾诉和转移注意力等方法。

应用案例 8：如何更好地完成领导交办的任务。

每个人在工作中都有自己的上级或领导，能否高效地完成领导交办的任务，会直接影响工作绩效，甚至影响职业生涯发展。因此，每个人都希望能更好地完成领导交办的任务，超出领导的预期。

对于这个问题，我们可以选择"抗压笔"作为实物。

可以发现，这支抗压笔至少具有 6 个特点：①"以柔克刚"；②能用来写字；③柔软；④可回弹；⑤耐摔；⑥笔尖细。根据这 6 个特点，结合具体问题，我们可以得出如下新想法（见图 4-6）。

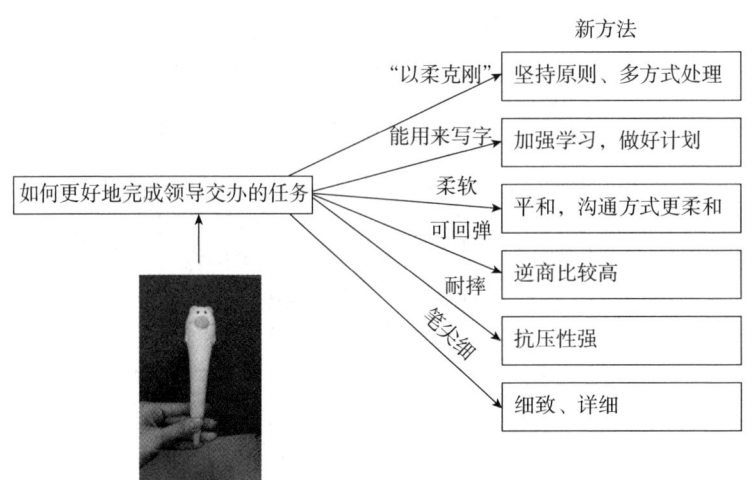

图 4-6 实物法之以抗压笔为实物解决更好地完成领导交办的任务示例

通过实物法，人们可以发散思维，从不同的角度看待问题，在短时间内找到多种有效的方法，这更利于全方位解决问题。这个例子告诉我们，想更好地完成领导交办的任务，需要以平和的心态面对问题，做到不怕批评、不怕受挫、主动沟通、做好计划、坚持原则、把工作做细等。

应用案例9：如何扩大渠道规模。

一个为公众提供服务和产品的企业，若想发展，必须不断进入新的市场。最有效的进入新的市场的方式之一就是拓展渠道，这正是所谓的"渠道为王"。一个新进入市场的企业，该如何利用自身优势做好自己的渠道呢？

对于这个问题，我们可以选择"白色的充电宝"作为实物。

可以发现，该充电宝至少具有以下6个特点：①蓄能；②全场景应用；③形象好；④人性化；⑤便捷；⑥干净。根据这6个特点，结合具体问题，我们可以得出一些新想法（见图4-7）。

在遇到工作瓶颈时，通过实物法，人们可以在很短的时间内快速突围，想出很多意想不到的方法。例如，"全场景应用"可以启发我们建立不同类型的渠道、追逐人流建店等。

第 4 章 敏捷力：拓展多维思路

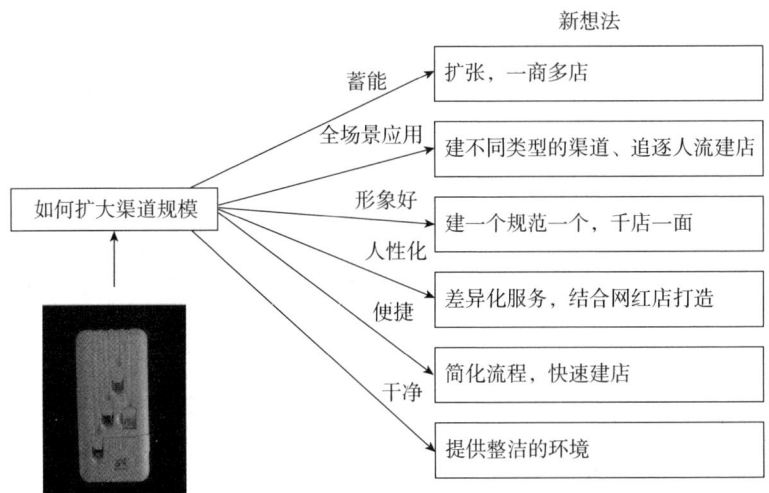

图 4-7 实物法之以白色充电宝为实物解决扩大渠道规模示例

应用案例 10：如何让自己在工作中得到快速提升。

很多人都渴望在工作中得到快速提升。然而，这并不是靠"等靠要"就能到来的，一切都需要凭借自己的努力和实力。我们经常会发现这样的情形，有的人在某一个岗位上一待就是 5 年、10 年，甚至 15 年，始终感觉自己没有成长。这就是因为他没有找到让自己提升的方法。

对于这个问题，我们可以选择"智能手机"作为实物。

可以发现，智能手机至少具有以下 10 个特点：①有品牌保障；②值得信任；③质量好；④速度快；⑤功能多；⑥开放；⑦与时俱进；⑧界面友好；⑨美观；⑩大屏。根据这 10 个特点，我们可以很快得出一些新想法（见图 4-8）。

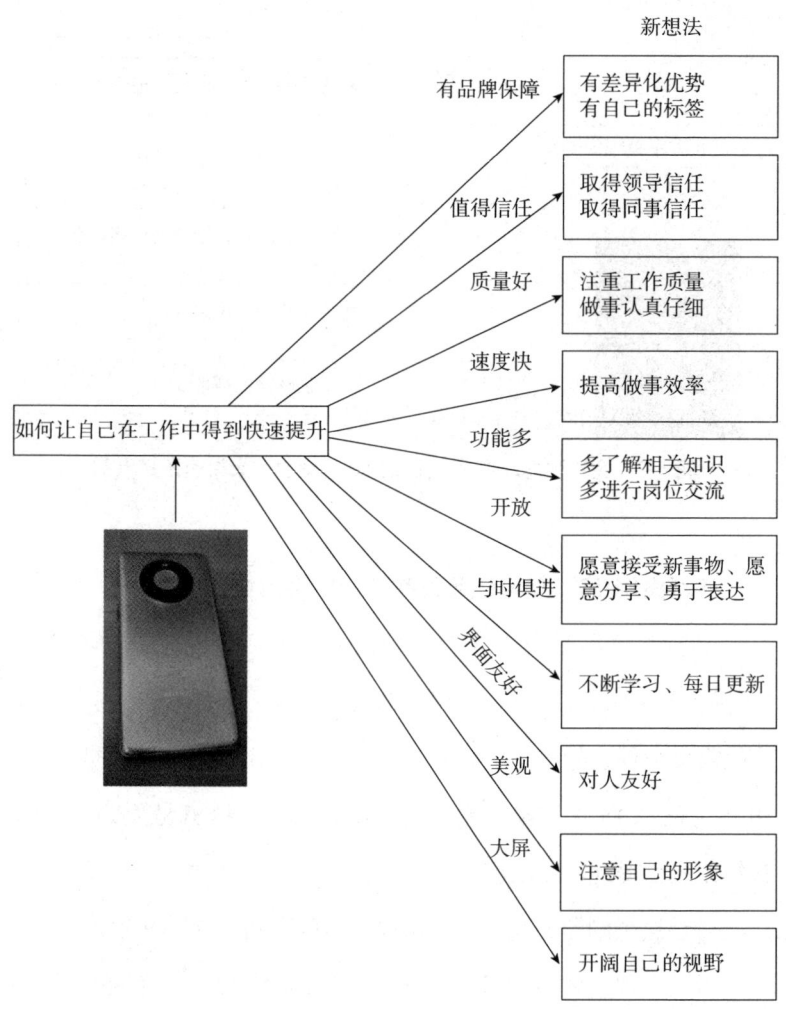

图 4-8　实物法之以智能手机为实物解决让自己在工作中得到快速提升示例

通过实物法，人们甚至可以在短时间内找到 10 种以上的解决方法。实物的特点越多，能够找到的方法就越多，人们选择的机会就越多，找到适合自己的方法的可能性就会越大。"必有一款适合你"。

从以上 10 个问题中，我们不难感受到内涵法和实物法的魅力及它们带给我们的乐趣。而当更多新的方法在很短的时间内跃然纸上时，很多人都会发现，很多方法自己之前根本没有想到过，是全新的方法。甚至针对某些问题，有 80% 的想法都是新方法。

从现在开始，请尽情感受这两种方法的魅力并享受其带来的惊喜吧！

4.5 小结

提升敏捷力会让你在单位时间内快速打开思路，在激烈的竞争中抢占先机。

提升敏捷力的前提是将问题界定清楚。

本章讲述了内涵法和实物法，它们是提升敏捷力的神奇而又有效的两种方法。

通过内涵法，你可以快速打开思路，意识到还有哪些方法是之前未想到的，发现还有哪些方面是之前没有做过、之后可以拓展的。

通过实物法，你可以快速拓展思路，发现不一样的关注点，从不同角度开拓思维，在短时间内找出更多新颖的方法，并从中找到切实可行的方法。尤其在遇到工作瓶颈时，实物法可以帮你快速突围，实现全方位思考，从而想出更多让人意想不到的方法。

本章共提供了 9 个表格和 13 个案例。

提升敏捷力的关键是结合自身实际情况，快速找出易操作的，并且可以长时间使用的方法。找到的方法越多，人们选择的机会就越多，找到适合自己的方法的可能性就会越大，成功的机会也就越大。

让我们一起努力吧！

第5章

决策力：适配关键因素

"管理就是决策。"

——赫伯特·西蒙

"有效的管理者都知道一项决策不是从搜集事实开始的，而是先有自己的见解。"

——彼得·德鲁克

罗杰·道森在《赢在决策力》一书中指出："决策是生活的基石……更重要的是，我们所有的未来，我们的希望、梦想，还有目标，都取决于我们是否拥有出色的决策力。"[38]

在工作和生活中，拥有不同的决策力的人会有以下3种表现。

表现1：迟迟不能做出决策。

表现2：喜欢拍脑袋做决策。

表现3：能果断地做出决策。

进一步说，迟迟不能做出决策的人往往对需要做决策的事情还没有考虑清楚，他们不知道自己需要什么、看重什么；经常拍脑袋做决策的人往往不愿思考，其本质是不知道应依据什么原则或因素进行决策；能果断地做出决策的人往往对需要决策的事情有过深入思考，或者有自己的思考与决策方法，他们往往很清楚自己看重什么，或知晓什么是最重要的。换句话说，他们对各种影响决策的因素有自己的排序考量。

本章主要探讨第3种情况，即如何果断地做出决策。本章讲述2种方法，分别为六因素法和五法则法，希望这2种方法在你需要快速、果断做出决策时能助你一臂之力。当然，希望你能根据自己工作和生活的实际情况，在这2种方法的基础上举一反三，找到适合自己的决策方法。

这里，决策力是指在单位时间内针对已有的2种及以上方案果断做出决策的能力。

5.1 场景划分：快速选出适合的决策方法

罗杰·道森曾经提出5个决策类型，包括：①标准型决策；②政策型决策；③分析型决策；④判断型决策；⑤综合型决策。

第 5 章 决策力：适配关键因素

这 5 个类型主要是依据日常所做的大多数决策划分的。

本章提出的六因素法和五法则法是在已有思考的基础上，针对现实中的主要应用场景给出的快速决策的方法。已有思考主要包括对自己看重的因素、追求的目标和路径等的思考。

这 2 个方法的简要说明及应用场景见表 5-1。

表 5-1 六因素法、五法则法的简要说明及应用场景

序号	方法名称	简要说明	应用场景
1	六因素法	基于 6 个看重的因素对多个方案进行决策的方法	适用于已经找到看重的因素，或团队已就看重的因素达成共识的场景
2	五法则法	基于 5 项人生选择对多个方案进行决策的方法	适用于明确知道自己的诉求且已经完成排序的场景

在做决策时，如果你已经找到自己看重的因素，那么，你可以借鉴六因素法，将这些因素列出，如果需要，你还可以为每一个因素赋予相应的权重，然后依据分数做出决策。

在做决策时，如果你明确知道自己的诉求或追求，以及对各项诉求的排序，那么，你可以借鉴五法则法，以终为始，找出属于自己的排序。其中，排在第一位的就是行动的第一步，排在最后一位的是你想达到的终极目标，排在中间位置的是你想达到目标需要经过的路径。关于看重的因素、目标、路径等内容请参见前面的章节。

下面我将对这2种方法进行详细说明。

5.2 六因素法：基于看重因素的决策法

参照"六顶思考帽"的思考逻辑，当拥有多种可选的方案时，我们要做的是对各种方案的价值、可行性以及可能带来的利益、潜在风险、困难和挑战等6个方面的情况进行分析。

然而，每个人对这6个方面的理解不同，如果针对价值、可行性、利益、潜在风险、困难和挑战这6个方面直接进行决策，会很难聚焦。为了快速果断地对多种方案进行决策，需要在决策前对这6个方面进行细化，在每个方面努力找出一个你或团队最看重的因素。

结合自身多年的应用与实践，我对自己在每个方面最看重的因素进行了选择，归纳总结为传承性、保障性、认可性、保存性、独特性、持续性，并称之为"决策六因素"（见表5-2）。当然，你也可以根据自己看重的决策因素进行替换。

表5-2 六因素法分析表

决策事项：				
权重	方面	决策因素	方案1	方案2
1	价值	传承性		
1	可行性	保障性		

第 5 章 决策力：适配关键因素

(续表)

权重	方面	决策因素	方案1	方案2
	决策事项：			
1	利益	认可性		
1	风险	保存性		
1	困难	独特性		
1	挑战	持续性		
		加权平均值		

注：请在空白处填写你认为的分值。1 分表示完全不可行，3 分表示可行，5 分表示完全可行。权重可以是 1—10。

表中，传承性是指事项的产出是否能够传承，或者说是否具有传递价值；保障性是指是否可以得到做成该事项的相关资源；认可性是指事项的产出是否能够吸引他人的注意，或是否能够得到认可；保存性是指事项的产出是否能够保留或留存；独特性是指事项的产出是否能够形成自己的风格；持续性是指事项是否能够一直做下去，无论自己的年龄有多大。

这里需要说明的是，我用权重替代了序号。权重最高代表最重要，是需要排在第一位的。如果权重相同，则说明它们的排位是一样的，不分伯仲。请谨慎使用权重值，因为它将对结果产生直接影响。

为了保证快速进行思考和决策，你需要对所要决策的事项的全部信息及其优劣势分析做出判断。通常，为了能够进行果断决策，我们需要根据自己所了解的情况做出快速反应。每个人可以凭着自己的感觉或直觉给出相应的分数，无须解释。

最终，我们可以依照总分来判断。这个过程中，我们也可以事先给每个决策因素赋予不同或相同的权重，再根据加权后的分数来判断。

当然，六因素法也可以用于工作。

我在表中提及的决策因素仅供参考，每个人可以针对具体方面列出不同条目，关键在于事先思考清楚。如果所做事项涉及很多人，则需要大家事先讨论清楚，并就决策因素及权重值达成共识。

只有事先明确看重的因素，才能快速做出决策。

可能有的人会问，为什么是 6 个因素而不是 3 个因素或 5 个因素？因为这 6 个因素对应了优势和劣势分析的 6 个方面。

针对六因素法在工作和生活中的实际应用，我有 2 点需要特别说明：一是你可以根据自己实际需要做决策的事项，对六因素法中的部分因素进行调整；二是你也可以直接列出自己已经确定的 6 个看重的原则并以此进行决策。这里，以自己看重的 6 个因素为例（见表 5-3 和表 5-4）。

第5章 决策力：适配关键因素

表5-3 找出自己的六因素示例表1

决策事项：针对某事项的重大决策				
权重	决策因素	方案1	方案2	方案3
	影响性			
	可行性			
	盈利性			
	可靠性			
	前瞻性			
	持续性			
加权后总分				

注：权重值和评分值为1、2、3、4、5，其中，5分是最高分，1分是最低分。如果没有特别的权重值，就设为1，下同。

其中，影响性是指所决策的事项可能给企业声誉及社会带来的影响；可行性是指所决策的事项是否在人力、物力、财力等方面已经具备条件；盈利性是指所决策的事项是否能让企业的盈利水平得到提升；可靠性是指所决策的事项是否基于已知的真实信息；前瞻性是指所决策的事项是否考虑了未来的发展走向；持续性是指所决策的事项是否可以一直做下去。

表 5-4 找出自己的六因素示例表 2

权重	决策因素	方案 1	方案 2
	决策事项：		
	创新性		
	可得性		
	持续性		
	共享性		
	传承性		
	合规性		
	加权后总分		

注：你可以在此表的基础上，结合自身实际，思考你的决策要素。

其中，创新性是指所决策的事项是否新颖、有创意等；可得性是指所决策的事项是否可控和可行，或者是否可凭借自身努力将原本不可控和不可行的事情变得可控和可行；持续性是指所决策的事项不是"一锤子买卖"，而是可以长期做下去的事，持续可做的事能让你所有的付出变得更有意义；共享性是指所决策的事项不只是为局部或个体的利益服务，而是至少能由 3 个以上的个体或单位共享，这说明你所做的事能够帮助别人成长；传承性是指所决策的事项能够为公司、社会留下可传承的东西，这也说明你所做的事是极具价值的；合规性是指所决策的事项符合规范，否则，你产出的成果将会被推翻重来。

当然，你也可以选择其中的某几个因素作为你的决策因素，或将其中的因素替换成自己想要的。

5.3 五法则法：基于人生追求的决策法

根据罗杰·道森对决策类型的划分，五法则法既属于判断型决策方法，也属于标准型决策方法。

五法则法源于我的人生选择五法则：想做、可控、持续、有益、传承。

2000年，我接触到了史蒂芬·柯维的《高效能人士的七个习惯》[6]，开始思考自己到底要为这个社会留下什么财富。关于这个个人使命宣言，我思考了很久，从开始思考到最终确定，用了整整16年。

简而言之，我的思考经历了从只想留下一本书到想留下多本书，再到想留下一些能够传递下去的想法，直到确定自己的使命宣言：做一个有所传承的人。在思考个人使命宣言的同时，我一直在思考另一个问题，即要想达到这个目标，该如何迈出第一步、第二步、第三步……这期间，我经历了无数次的思考与实践。终于在2016年，我提出了我的人生选择五法则。2019年，人生选择五法则（荣氏法则）获得了中华人民共和国国家版权局作品登记证书（国作登字-2019-A-00908608）。

（1）想做

什么是想做的？一个人想做的事情有很多，因此，在有限的时间里你需对自己能做什么、想做什么、应该放弃什么加以区分、聚焦和选择，否则你做事就会"东一榔头西一棒子"，或是捡了芝麻丢了西瓜。选择对人的一生有很大的影响，选择对了，人生就会走得较顺；选择错了，就会一路跌跌撞撞，总也到达不了彼岸或实现不了自己预定的目标。然而，每个人往往有很多追求或想法，如果在选择时能够结合自己的生活重心和人生追求目标，有的放矢，生活就会更有动力和奔头。没有目标的选择往往是短视的，或者说是短期。目标是需要提前确定的。如果没有提前确定，那么当你意识到你想要什么的时候，可能已经晚了。以孩子要出国留学为例，不能"现上轿现扎耳朵眼"，至少需要提前一年做准备。

想做是最大的集合，一切选择要从"想做"开始。"做自己真正想做的事，并立即开始，不要等待。"在工作中，你也可以用想做的事替换能做的事。想做一件事是开始行动的"原动力"。《做你想做的事》[39]一书的前言中，提到很多人都认为，只要上完大学、受过一定的技能培训、拥有几张证书，就能过上轻松的生活，就能获得成功。事实根本不是这样的！生活中，那些拥有高学历、同时掌握几门技术的人有很多，可是他们中的很多人过得并不快乐，就更别提成功了。究其原因，是他们没有为自己找到合适的位置——他们目前所做的事，不是他们乐意去做的。他们之所以从事目前的工作,是因为这份工作能给他们带来养家的薪水,带来其他的物质保障,但是,唯独不能为他们带来快乐和成功,因为一个人只有做自己想做的事,并竭尽全力,才能收获快乐与成功。

(2)可控

可控的事情是指那些你可以利用自己的时间、能力,或者你可支配或容易调配的资源完成的事情,而不是那些需要其他人支持、配合、评价或需要很多资源才能做成的事情。如果完成某件事的关键环节都受到别人或别的资源的控制,那么,这一定属于不可控的事情。

可控的事情的内涵应该包括3个方面:①自己能够完成;②主动权在自己手中,能够支配其他资源;③较少需要其他人帮助或不取决于其他人的帮助。例如,写作、唱歌等就属于自己可控的事。

能做自己可控的事情当然最好,然而,很多时候你会发现,事情是不受你控制和左右的。面对这种情形,我主要采取的方式是对自己不可控的事情放平心态。人到中年,我会发现有太多的事情是自己不可控的。例如在工作上,评先进的事,不是你认为自己好就能评上先进;升职的事,不是你觉得自己做得不错,就能升职。因此,面对自己不可控的事时,放平心态显得至关重要。

可能你想做的事情有很多,但所做的事情往往会受到资源的限制。换句话说,不是每件想做的事情都是可控的,有些你想做的事情可能需要几个人才能完成，或者说，没有别人的支持，你是完不成的。因此，你需要让所做的事尽量在你的可控范围内。约翰·C.马克斯维尔在《差异优势：制造差异才是脱颖而出的关键》一书中指出，"将自身掌握的事情控制好，不在自身不可控的事情上浪费时间，是生活中的重要一课"[40]。

你想做一件事情时，其可控性直接决定了你是否能做成此事。如果你的目标很大，涉及的环节很多，你只是链条上的一个环节，只有很小一部分是你想做也能做的。那么，你就需要别人给你提供资源。同时，你也需要给别人输出成果，让别人能够继续下个环节。如果之后还有几个环节，你会很长时间见不到结果，甚至无法有结果，以至于最终得不到你想要的结果。

如果你能对可控性有深刻理解，你就会在做决策时表现得非常果断，不拖泥带水。

例如，假设你想做的事是成为讲师，那么，当有人让你创办自己的教育机构时，你就会马上说"不"，因为创办机构根本不是你所擅长的。讲课和开公司根本是两码事，这就是所谓的"术业有专攻"。假如你真的去创办机构了，你会发现你有80%的时间在做与讲课无关的事，可能只有20%的时间用来讲课，到最后，甚至连20%的讲课时间都无法保证。

再例如，每个年轻人都想在工作中获得认可，想被评为先进，然而，是否能评上先进不是你自己说了算的，不是你可控的。《职场感悟》一书中有一段话:"不要把评先进的事太当回事,评先进的事是你自己不可控的事,不要太在意。你还年轻,路还很长,只管做好自己的事就好了。"书中还提到:"评先进的事不是你自己可控的。这就是所谓的'人在职场,身不由己',因为评先进是需要别人来评的,每个人对先进的评判标准(感受)各有不同。当你把评先进的事情放下了,你在工作中也许会更放得开,会做得更好。如果一个人是为争先进而工作,那么他就会处处小心,怕领导批评,怕群众不满,会在乎别人的看法或感受,导致放不开。如果你真的放下了,说不定有一天先进就会找上你。"[14]

(3)持续

什么是可持续的事情?它有2层含义:①你选择的事情可以长时间学下去或做下去;②这件事情是长期存在的。因此,你在对可持续的事情做选择时,要分析一下,这是短期的,还是长期的。例如在教育孩子方面,很多人可能会帮孩子做一些选择,有时是因为考学需要,有时是因为别人的孩子学什么,就想让自己的孩子也学什么,没有自己的主意或规划。但人的精力是有限的,时间也是有限的,如果你能帮孩子选择一个可持续的、受用终身的发展方向,不是更好吗?

选择可持续的事情时需要考虑以下4个方面:①是可以持续学的东西;②是随着时间推移更有价值的东西,而不是稍纵即逝,只有短期价值的东西;③是不会随时间推移而忘记的东西;④到老也可以持续做的东西。

可控的事情未必能够持续,但不可控的事肯定很难持续做下去。如果有机会做出选择,你一定要选择能够长时间做下去,甚至老了还能继续做的事情。人的时间和精力是有限的,当你可以为自己做选择时,为什么不选择可以持续做的事情呢?你完全可以选择做一些需要不断积累经验、时间越长越有价值,甚至到老都能做的事。

(4) 有益

什么叫有益的事情?我认为,有益应该包括3个层面:①对身体有益;②对社会有益;③对生活有益。如果这3个层面都能达到,是最好的。

你想做的、可控的、可持续做的事未必都有益处。有益是指对公司、个人、家庭、身体、社会、经济等方面都有益。或者说,这件事要充满"正能量"。可以说,只有充满"正能量"的事或有益的事才会让你自觉地坚持做下去。也只有充满"正能量"的东西最终才会被保留下来。

(5) 传承

什么是可传承的事情?传承有2个层面:精神层面和物质层面。我认为传承有4个内涵:①给社会留下财富;②为后续工作或生活打下基础;③对孩子有益;④为别人带来"正能量"。

从精神层面讲,分享也是一种传承,因为它可以把知识和

"正能量"传递下去。"传帮带"也是一种传承。

从物质层面讲,写作、译作、创作书画也是一种传承,这可以为后人、为自己的孩子留下一些可供参考、学习或研究的东西。

有所传承是终极目标。如果你所做的事是你想做的、可控的、可以持续做的、有益处的,并且产出的东西还是可以传承下去的,那么,何乐而不为呢?

可以应用五法则法的情形包括但不限于以下6种:

(1)选择工作时;

(2)选择学校时;

(3)选择个人兴趣爱好时;

(4)选择教育孩子的方式时;

(5)选择生活方式时;

(6)决定自己的人生追求时。

人生选择五法则法的应用示例见表5-5。

表5-5 人生选择五法则法应用示例

序号	五法则	方案1	方案2	方案3	方案4
1	想做				
2	可控				
3	持续				
4	有益				
5	传承				

5.4 应用案例：感受方法的实用性

为了让大家对此决策因素分析表有深刻的了解，我将分享 6 个真实的应用案例。

应用案例 1：选择哪种乐器作为自己的长期爱好更合适，是吉他还是钢琴。

小学生 W 想学习一门乐器，但他面临的选择有很多。家长在帮他选择时，推荐的是钢琴和小提琴。然而，W 根据自己的情况，基于自己的考虑，做出了自己的选择，选择了当时很少有人选择的吉他。他进行决策的过程如下（见表 5-6）。

W 选择了六因素法进行分析，并填写了表 5-6 中的各项数值。

表 5-6　六因素法之兴趣爱好选择示例 1

决策事项	选择哪种乐器作为自己的长期爱好更合适，是吉他还是钢琴？			
权重	方面	决策因素	吉他	钢琴
1	价值	传承性	5	5
1	可行性	保障性	5	1
1	利益	观赏性	5	5
1	风险	保存性	5	5
1	困难	独特性	5	1
1	挑战	持续性	5	1
		加权后总分	30	18

注：以上打分仅依据小学生 W 的观点进行。每个人都可能有自己的观点。

第 5 章　决策力：适配关键因素

通过决策因素分析表，W 很快得出了自己的结论，他选择了吉他作为自己的长期爱好。在他看来，与钢琴相比，吉他更容易携带，随时随地都可以练习或演奏，而钢琴则不然，只能放在家里，或很少有机会演奏。同时，吉他更容易表现他的独特性，可以在不同场景表现他的心境。一旦学会弹吉他，他可以自由发挥，更容易获得成就感，因而，更容易坚持下去。

几年过去了，W 已经是高中生了，每到学期结束，班上都会开联欢会，他每次都会在联欢会上弹一首当时流行的曲子，甚至还被邀请到其他班去演奏。现如今，W 已经是学校乐队的主唱，可以边弹边唱。

这个例子告诉我们，面对几种方案需要做出选择时，你可以使用六因素法，从做这件事本身带来的优劣势角度出发，对这件事做出较全面的考虑。

应用案例 2：哪项活动更适合作为自己的长期爱好，是素描、国画，还是油画。

想将画画作为自己长期爱好的人在经过一段时间的基础学习后，通常会面临一个选择，即应该选择哪种，是选择素描，还是选择国画，或是选择油画。选择没有对错，只需根据自己看重的因素去选择。

针对这个问题，G 女士选择使用决策六因素分析表进行决策（见表 5-7）。

表 5-7 六因素法之兴趣爱好选择示例 2

决策事项：哪项活动更适合作为自己的长期爱好，是素描、国画，还是油画					
权重	方面	决策因素	素描	国画	油画
2	价值	传承性	1	5	5
1	可行性	保障性	5	5	5
1	利益	认可性	1	5	5
1	风险	保存性	1	3	5
1	困难	独特性	1	3	5
1	挑战	持续性	1	3	5
		加权后总分	11	29	35

注：以上打分仅依据 G 女士的观点进行。每个人都可能有自己的观点。

在填写表格时，G 女士认为，与国画、油画作品相比，素描作品不好保存，很难传承，也不容易体现自己的独特性。并且素描作品的观赏性或认可性也不如国画、油画作品，因而缺少成就感，很难坚持下去。与油画作品相比，国画作品需要装裱才方便收藏，且国画作品需要较长时间才能完成，不能随心所欲。油画则可以直接画在画布上，可以直接保存。画油画可以临摹大师作品，也可以根据喜欢的照片来画，容易得到认可，容易产生成就感，因此，容易坚持下去。

通过分析，G 女士果断决定将油画作为自己的长期爱好。到如今，她已经坚持了 5 年。她的第一本画册已经印刷了出来。如今，她仍然认为自己当时的决策是对的。

第 5 章 决策力：适配关键因素

G女士认为，她之所以能够坚持下来，还有一个重要原因，就是她喜欢油画的绘画过程，包括勾勒底稿（战略思维）、大面积铺色（开始行动）、抓住特征（关注细节）、修改完善（自我革新），这个过程让她非常享受。

这个例子告诉我们，当你面对几种方案需要做出选择时，你可以使用六因素法，基于某一个或某几个更看重的因素，进行选择。

应用案例3：经营一家公司是追求快速成长，还是稳步前进。

在当今这个鼓励创新、创业的年代，假设你正好想创立一家公司，那么在初创过程中往往会出现各种各样的问题或争论。其中一个最主要的争论可能是，你经营公司时是追求快速成长，还是稳步前进？遇到这样的问题，你不妨借助表格进行分析。

假设在6个因素中，可控性、持续性和传承性是你主要考量的因素，那么，你可以将这6因素简化为只剩你看重的因素（见表5-8）。

表5-8 依据自己看重的因素进行决策示例表

决策事项：经营一家公司是追求快速成长，还是稳步前进			
序号	决策因素	快速成长	稳步前进
1	可控性		√
2	持续性		√
3	传承性		√

可控性是指你的公司是否有资源保障，包括人力、财力、物力等；持续性是指公司是否可以一直做下去，至少经营5年以上；传承性是指公司不但可以做下去，还可以传承下去，有望成为百年老字号。

P先生创立了一家公司，在思考公司发展问题时，他根据自身情况进行分析，决定选择稳步前进。

P先生认为，他的公司要做成一件事会经过许多环节，然而，大部分环节或关键环节在他人手里，这使公司想要快速成长变得不太可能，因为P先生还需要协调各种资源。换句话说，P先生的公司成长是不可控的，也就更谈不上可持续的问题。因为不可持续，也就无法传承。反之，如果公司追求的是稳步前进，就可以走一步看一步，缺什么资源，就花时间获取什么资源，或打通可能受阻的环节，一步一个脚印地走下去。这样公司就有可能持续下去，并且有可能发展、壮大。

假设P先生看重的因素是成长性、盈利性和影响性，那么他可能会毫不犹豫地选择让公司快速成长。

选择看重的因素没有对错之分。不管怎样，只要确定了看重的因素，就要坚定不移地走下去。

当然，上面提到的是先填表的方式，你也可以采取后填表的方式。也就是说，在填表前，你可以依照这6个方面把你已经想到的或你对此事的认知通通写下来，再将它们填入表中。如有填不上的信息，再按照表格思考。

假设我来思考这个问题，我的前期思考可能是这样的。

快速成长需要拥有足够的资源和实力，包括财力、人力、物力，以及正确的决策等。快速成长的公司中会有很多顾不上做的事、不得已而为之的事，一旦走上这条路，没有时间完善，更不可能回头。因此，快速成长的公司往往不太容易走到最后。

稳步前进需要有明确的目标，早期需要利用自身资源，一步一个脚印，在前进过程中不断补足短板、不断完善，让自己在不被人注意的情况下变得更好，拥有稳固的基础，而不是快速发展，搭建空中楼阁。

基于上述分析，我们同样可以提取出相关因素。

这个例子告诉我们，假设你已经很清楚自己看重的因素，你可以在六因素的基础上简化你的决策因素。

应用案例 4：是否跳槽到其他公司。

在职场，很多年轻人都会面临岗位变动。有时是自己想变动，有时是组织上让你变动。不管变动不变动，你都需要想好在工作中你最看重什么、追求什么。

假设你现在在事业单位工作，但是有一个跳槽到互联网公司的工作机会，你是否会选择跳槽？此时，你既可以采用六因素法分析，也可采用五法则法分析。

假设采用五法则法进行分析，你一定要看一下每个选项分别符合五个法则中的哪几个（见表5-9）。

表5-9 五法则法之工作选择示例

序号	五法则	事业单位	互联网公司
1	想做	√	√
2	可控	√	
3	持续	√	
4	有益	√	√
5	传承	√	

这里，可控是指你的工作时间，因为事业单位的工作时间可能更多遵循"朝九晚五"的规律，而互联网公司会经常加班加点。持续是指是否能长期做下去，不需要经常换工作。有益是指有好处，也许对于年轻人来说，薪资高、平台好、机会多等是选择互联网公司的主要原因。

上述分析是用五法则法进行工作选择的示例，仅供参考。在遇到选择时，你也可以这样展开分析。

这个例子告诉我们，五法则法可以帮助你在五个维度上进行全面的分析和思考。然而，最终怎样进行决策取决于你的人生价值观和你所处的人生阶段。假设你很年轻，现如今你追求的是更多的收入，那么你可能会选择互联网公司。但需要明确一点，五法则法会提醒你还有其他方面需要考虑。假设你确实不在乎其他

第 5 章 决策力：适配关键因素

方面，只在乎有益，你可以按照自己最看重的方面进行决策。

应用案例 5：选择什么样的运动作为长期运动。

为了保持身体健康，我们需要经常做运动。大家喜欢的运动主要有走路、跑步、跳舞、打球等。由于时间和精力有限，你需要选择某一项运动作为自己长期坚持的运动项目。

那么，你会选择什么呢？

这里使用五法则法进行分析（见表 5-10）。

表 5-10 五法则法之运动项目选择

序号	五法则	跑步	跳舞	打球	走路
1	想做	√	√	√	√
2	可控	√			√
3	持续				√
4	有益	√		√	√
5	传承	√	√	√	√

这里，可控是指自己可以独立完成，不需要他人参与或帮助。例如，打球和跳舞都需要另一个人的配合。持续是指此项运动一直到老都可以进行。有益是指对身体有好处。传承是指对延长寿命有帮助。

可以看出，走路是最符合五法则法的锻炼方式。

已知多个可选择方案时，你可以按照五法则法对每个方案在五个方面快速进行判断。如果某个方案能满足这五个法则，在时间和精力有限的前提下，你为什么不选择它呢？

应用案例6：选择什么样的兴趣爱好。

在生活中，很多人都会有一个兴趣爱好，这样生活才能多姿多彩。现在有的年轻人除了上班和睡觉，就是上网、吃饭、逛街、旅游等。然而，当你用五法则法进行分析后，你会发现，以上这些兴趣爱好至少有一点是肯定的，那就是不可持续。

那么，什么样的兴趣爱好才是比较好的爱好呢？

这里，我用五法则法进行分析（见表5-11）。

假设你可以选择的兴趣爱好包括唱歌、读书、练书法、学语言、写书等，你会怎样分析？

表5-11 五法则法之兴趣爱好选择

序号	五法则	唱歌	读书	练书法	学语言	写书
1	想做	√	√	√	√	√
2	可控	√	√	√	√	√
3	持续	√	√	√	√	√
4	有益	√	√	√	√	√
5	传承	√	√	√	√	√

你是否会做出以上分析呢？五法则中，想做是指你一直以来

想过要做但一直未开始做的事；可控是指自己就能独立完成的事，例如，现在可以通过一些 App 免费学习语言；有益是指对自己、对他人都有益的事；持续是指可以长期做下去，一直到老的事；传承是指可以留下作品的事。

这个例子告诉我们，当你把传承作为人生追求时，你会更容易判断并找到生活中你可能面临的选择，然后根据自身情况做出自己的选择。

5.5 小结

决策就是在各种方案中选择最好的方案。

决策的过程就是深入思考的过程。

提升决策力的关键就是寻找一套属于自己的决策方法。

拥有一套自己的决策方法会让你在关键时刻果断做出决策，走出一条由自己选择且不可复制的人生道路。本章提到的六因素法和五法则法就是这样的方法，我把它们统称为"65 法"。

六因素包括传承性、保障性、认可性、保存性、独特性、持续性。也可以称为"决策六因素"，主要基于优劣势做决策。你也可以根据自己的具体情况，修正其中的因素。

五法则包括想做、可控、持续、有益、传承，主要基于对人生追求的考虑进行选择。

本章共给出 11 个表格和 6 个应用案例，以帮助你更好地感受六因素法和五法则法的魅力。

六因素法和五法则法主要适用于需要自己决策的事项,既可以用在工作中,也可以用在生活中。

在人生中,有许多需要自己做出的决定,假设让你的人生重新来过,你还会做出和之前一样的选择吗?

我很喜欢罗杰·道森在《赢在决策力》一书中的一段话:"想想你一生中必须做出的3个最重要的决定,如果你选择不同的人生方向,你的生活将会怎样?如果你在高中毕业之后选择去工作,而不是读大学,你的生活将会怎样?如果你跟爱上的第一个人结婚,你的生活将会怎样?如果你接受了那些你拒绝了的工作,你的生活将会怎样?如果你选择了你之前没有选择的那些道路,你的生活将会怎样?"[38]

无疑,正是在关键的十字路口做的一个个决定铺就了你的人生道路。

只要你思考过自己所看重的因素,或者有明确的追求,你就会在面临重大选择时毫不迟疑地做出判断,而不会优柔寡断或拍脑袋做决策。

思考+决策力能助你做出果断决策,让你走出属于自己的路。

第6章

行动力：成就知行合一

"思考是行为的种子。"

——爱默生

"伟大的思想只有付诸行动才能成为壮举。"

——威·赫兹里特

《极简行动力：每天干好1件事》一书中提到，"我们要走出自己的一条路，行动力，是我们不可或缺的东西。行动力，可以让我们从止步不前变成勇往直前。它是一种可贵的能力，掌握了它，就像握住了一把披荆斩棘的利刃，可以让我们更加坚定地向前。行动力，也是为数不多可以通过后天努力提升的能力"。[41]

本章中，行动力是指在明确目标后快速开始行动直至取得成果的能力。

提升行动力的要点有 4 个，即明确目标、做好计划、坚持不懈、收获成果。

行动力带来的最好的结果是有所传承，这也是一种境界。

6.1 明确目标是前提

《墨菲定律：世界上最有趣最有用的定律》一书中有一段话，让我有很深的感触，"在这个世界上有这样一种现象，那就是'没有目标的人在为有目标的人达到目标'。因为有明确、具体的目标的人就好像有罗盘的船只一样，有明确的方向。在茫茫大海上，没有方向的船只能跟随着有方向的船走。有目标未必能够成功，但没有目标的人一定不能成功。"[42]博恩·崔西说："成功就是目标的达成，其他都是这句话的注解。"顶尖的成功人士不是成功后才设定目标，而是设定了目标才成功。目标是灯塔，可以指引你走向成功。有了目标，就会有动力；有了目标，就会有方向；有了目标，就会有属于自己的未来。

明确目标，就是让目标清晰起来。

如何让目标清晰起来？关键是做到"4 有"：有结果、有路径、有内涵、有方法。这些内容在第 2 章中已做过详细阐述，这里不再赘述。只需记住下面这个关键的表格即可（见表 6-1）。

表 6-1　明确目标思考表

目标:			
结果:			
阶段＼方法＼内涵	用时 1	用时 2	用时 3
	阶段目标 1	阶段目标 2	阶段目标 3

6.2　做好计划是关键

关于计划，史蒂芬·柯维在《高效能人士的七个习惯》中提到，"如果你希望的是圆满的生活，你必须做计划并付诸实践"。[6] 注意，计划和行动的一致能导致更新。计划仅仅是描绘希望的蓝图。成功的计划有两个关键：细心的反思和时间上的保证。细心的反思有助于你确定哪些活动可以真正恢复你的精力，而时间上的保证有助于制订的计划在每天和每周事项中得到优先安排。

俗话说，"计划赶不上变化"。很多人以此为借口放弃了制订计划。然而，经过实践可以发现：有计划比没有计划好得多、高效得多，尤其是如果有每日计划，更是如此。

我从上初中起就开始制订每日计划。那时，我还被人嘲笑，

"无志者常立志，有志者立长志"。然而，我最终将这个行动坚持了下来，形成了习惯。现如今，每天早上坐在桌前，我的第一件事就是列出当日计划，我一定会先思考哪些是今天必须要做或要做完的事。正是这个做计划的习惯，让我收获很多。当我看到每天列出的事项几乎都做完时，成就感就油然而生。

做好每日计划并立即开始行动是最简单有效的提升行动力的方式。如果你在一天中无法完成几件事情，那么，就从每天至少做好一件事开始吧！

在《极简行动力》一书中，作者提到，"每次打算做什么事情，开始时想得很好，最后却总是难以达到自己的目标。'明明计划都做好了，却还是过不好这一生。'所有没能坚持下去的梦想和计划，都是因为我们缺乏持续行动的能力。做一件事，想坚持一天两天轻而易举，要坚持一年两年就难上加难。然而没有什么成功是一蹴而就的，有时候只有持续坚持10天、100天、1000天甚至10 000天，才能看到持续行动所带来的巨大改变。如果在此之前中断行动，就会前功尽弃"。[41]

如果想做成一件大事，或发生明显的改变，你需要在目标的指引下，分阶段思考清楚计划，包括如何划分时间段、阶段性成果是什么、准备采取什么样的行动。你可以利用表6-2帮助你自己思考。

表 6-2　计划思考示例表

目标：				
序号	时间段/用时	期望的阶段性成果	准备采取的行动	备注
1				
2				
3				

阶段性成果不是异想天开、随随便便设置的，需要以终为始，瞄准目标，按照事情的可行性分好阶段，然后再开始行动。

假设你的目标是在工作之余临摹油画大师的画，并期望用5年左右的时间创作50幅作品，你可以将阶段性目标设置为每年创作10幅作品，采取的行动可以是每月完成一幅。当然，你也可以根据自身情况，每年设置不同的阶段性目标。

你需要根据自身实际情况制订切实可行的计划，只有这样，你才能有足够的信心坚持下去。例如，如果你的计划是利用工作之余的时间每天完成一幅油画，这几乎是不可能的。如果你的计划是每天唱一首歌或写一幅字，则是可以完成的，如果时间充裕，你也许会比原计划完成更多，这会让你对未来更有信心。

一个不能执行的计划会让人丧失信心。

有了经过认真思考的计划，接下来，就是马上开始行动。

6.3 坚持不懈是保障

司汤达说:"一个人只要强烈地、坚持不懈地追求,他就能达到目的。"

杨振宁说:"只要持之以恒,知识丰富了,终能发现其奥秘。"

比阿斯说:"要从容地着手去做一件事,但一旦开始,就要坚持到底。"

一个好的计划,若没有开始,那么行动等于零。开始行动,没有坚持,等于"瞎子点灯白费蜡"。只有坚持不懈,才能到达成功的彼岸。

在工作和生活中,我们经常听到这样的说法,"当时我也开始做了某事,可惜没有坚持下来"。然而,有些人,尤其是那些成功的人,正是因为坚持不懈,才能有所成就、有所成功。

例如,在2022年北京冬奥会上,隋文静和韩聪获得了花样滑冰双人滑自由滑冠军,他们坚持了整整15年;徐梦桃作为冬奥会的"四朝元老",终于获得了她的第一枚奥运金牌,她坚持了16年。"全国五一劳动奖章"获得者张桂梅,扎根贫困地区40余年,创办全国第一所全免费的女子高中,帮助1800多名贫困山区女孩圆梦大学。

坚持不懈是一个人取得成功的重要保障。没有坚持,人就会半途而废,也实现不了自己的目标。只要坚持不懈,哪怕时间再

第6章 行动力：成就知行合一

长，终会见到成果。

我对此深有同感。在传播和实践《高效能人士的七个习惯》的路上，我已经坚持了20年，并且还将继续坚持下去。

2000年8月25—26日，我学习了经典管理课程《高效能人士的七个习惯》。我很清楚地记得，在听完课的那天晚上，我开始行动，把七个习惯的简要内容讲给我的女儿听，尽管女儿当时只有10岁，听不太懂我在说什么，然而，我还是坚持讲。

从那时起，我经常会打开教材进行学习、研究和思考。

2001年，我第一次作为讲师讲授这门课程，当时的听众是我所在单位的同事，他们对我的课给予了很高的评价，这给了我很大的鼓励和信心。我一鼓作气，将我学习《高效能人士的七个习惯》的体会写成了讲义，并分成7次发表在内部刊物上，取得了非常好的效果。

至今我还清晰地记得讲义扉页上的两句话："交换一个苹果，各得一个苹果；交换一种思想，各得两种思想。"从那时起，我立志开始讲授和实践《高效能人士的七个习惯》。20年来，我坚持讲授《高效能人士的七个习惯》这门课程。让我感到惊喜的是，每一次授课后我都会有新的感受、新的发现，进而促使我继续思考与实践。渐渐地，我发现自己身上开始出现变化。我又不断结合自身发生的变化传授相关知识，形成了自己特有的风格，得到了大家的认同。后来我发现，越来越多的人渐渐开始行动，慢慢产生了变化。最令我高兴的是,许多年过去了,有些人再次见到我时会提到,正是从听了我的某次课起,他们开始行动,不断将学到的方法应用到实际工作和生活中,才得以快速成长。

最令人感动的是,一位20年前听我授课的Z同事,每次见到我都会说我曾经讲到的以终为始的习惯让他记忆犹新,收获很大。20年后,他已经成为某单位的高层领导,邀请我去他所在单位给新入职的大学生讲述此课程。他在课程结束时给予的评价,让我深刻体会到他对七个习惯的喜爱与认同,以及七个习惯带给他的影响。

随着坚持对积极主动、以终为始、要事第一、双赢思维、知彼解己、统合综效、不断更新这七个习惯不断进行学习、思考与实践,20年过去了,我深刻感觉到自己收获颇丰。与20年前相比,我现在有很多变化,已经从不爱思考变成爱上思考,从没有做事原则到有自己的做事原则,从缺乏自我认知到有较好的自我认知,从没有使命宣言到实践自己的使命宣言,等等。我真真切切地感受到,正是坚持不懈的思考与实践,让我变得越来越好。最令我感动的是,我还获得了"高效能管理专家"的称号。为了回馈大家,我还将自己20年来对高效能管理的思考与实践的经验和体会写了出来,2020年,我将这些经验和体会写成了《高效能管理思考与实践》一书出版。

第6章 行动力：成就知行合一

6.4 收获成果是体现

提升行动力的目的是获得可感知的成果。

稻盛和夫说过："思考是种子，行动是花朵，成败是果实。"[43]

可感知的成果具有3个基本特性：①真实性；②可复制性；③可传递性。

可感知的成果包括定出的原则、说出的感悟、实用的经验、可传承的作品等。它们往往经过较长时间的沉淀而成。

6.4.1 定出的原则

最早对"原则"一词有新的认识，是在我学习了《高效能人士的七个习惯》的"以原则为中心"之后。学习了瑞·达利欧的《原则》后，我更加深信：无论工作还是生活，一个人都应该有自己的原则。

瑞·达利欧在《原则》中提到的5个生活原则之一是按既定计划行事，16个工作原则之一是用五步流程实现人生愿望。书中提到，如果你能把那5件事都做好，你会有很大概率获得成功。这五步是：①有明确的目标；②找到阻碍你实现这些目标的问题，并且不容忍问题；③准确诊断问题，找到问题的根源；④规划可以解决问题的方案；⑤做一切必要的事来践行这些方案，实现成果。

一个人如果能不断思考和实践，就会慢慢形成自己的做事风格。一般来说，爱思考的人往往有自己的做事原则。换句话说，每个人都有自己的做事风格。如果你经常思考，那么，你的一些做事风格就会慢慢确定，直至成为明确的做事原则。

请你回想一下，在工作和生活中，你有哪些做事原则呢？

你可以结合自身实际，从他人给予自己的评价、自己形成的习惯、自己经常说的话等方面入手，梳理自己的做事原则(见表6-3)。

表6-3 思考自己已经形成的做事原则示例

序号	维度	做事原则示例
1	他人给予自己的评价	做事有激情 对人热情 乐于助人 主动积极 勇于担当 善于思考 做事高效 讲原则 有爱心 有情怀
2	自己形成的习惯	每日感悟 每日更新 每日问候 每日沟通 每日外语 每日唱歌 每日画画 每日书法 每日朗读 每日走路

(续表)

序号	维度	做事原则示例
3	自己经常说的话	做最好的努力,做最坏的打算 降低期望值 学以致用 明确目标 以原则为中心 善于发现人或事背后闪光的东西 勇于表达 先思考再行动 分享是一种快乐 做一个有所传承的人

注:针对每一个维度,相信你还会列出很多内容。这里的示例只起抛砖引玉的作用。

6.4.2 说出的感悟

一个感悟要想被自己或他人感知到,通常需要具有 3 个特点:①将自己对事情的感受记录下来;②提炼成让自己容易记忆或能触动自己的感悟;③勇敢说出来,让他人听到。

获取感悟的最好方式是每日感悟。

说到每日感悟,稻盛和夫先生在《六项精进》中提到,六项精进的第三项:"要每天反省。"[43] 一天结束后,回顾这一天,进行自我反省是非常重要的。比如,今天有没有让人感到不愉快?待人是否亲切?是否傲慢?有没有卑怯的举止?有没有自私的言行?回顾自己的一天,对照做人的准则,确认言行是否正确,完成这样的功课十分有必要。自己的言行中，如果有值得反省之处，哪怕只有一点点，也要改正。

在工作和生活中，人们对发生的事情都有自己的看法或感受，然而在大多数情况下，人们并没有把它们立刻记录下来，导致这些看法或感受稍纵即逝。感悟其实是对自身感受的一种提炼。

我们可以通过表6-4帮助自己完成感悟。

表6-4 感悟记录示例表

序号	事情简述	你当时的感受/让你感触深的话	用一句话表示感悟
1	谷爱凌在2022年北京冬奥会夺得2枚金牌和1枚银牌	"我做所有的运动，都是因为我喜欢做"	唯有热爱，才能坚持不懈
2	武亦姝在2017年央视《中国诗词大会》第二季总决赛中成功夺冠	自信、淡定、有才华、超强的记忆力、父母的以身作则和支持	让孩子养成爱读书的习惯，会让他受用终身
3			

好的感悟只有说出来、被人听到，才会被人感知，进而帮助他人。

案例6-1：以说出的感悟为例

为了让自己的感悟帮助更多人，我决定把几十年记录和沉淀的感悟写出来。

例如，我用16年时间写出了关于女儿成长的27条感悟；用

15年时间写出了关于中年幸福的10条感悟；用8年时间写出了关于供应链管理的16条感悟；用20年时间写出了关于高效能管理的27条感悟；用30年时间写出了关于职场的20条感悟。

这里想特别提及的是，给新入职场的年轻人的20条感悟引起了很多读者的共鸣，这些感悟包括初入职场需做好充分的心理准备；快速学习的能力会让你早日进入角色；较强的适应能力会让你有更多机会；较强的沟通能力会让你事半功倍；较好的写作能力会让你脱颖而出；事情越多越能锻炼时间管理能力；做管理工作更能提升综合能力；做事前要先确定目标再开始行动；做事认真仔细会让你获得信任；不断更新会让你更快进步；折中是一种双赢；关键时刻不要掉链子；不要把评先进的事看得太重；职业生涯发展不是只有升职一条路；走出自己的路会让你更具差异性；保持心情舒畅是个人持续发展的前提；做一个包容的人；做一个喜欢分享的人；不断总结和感悟会让你快速成长；让时间说明一切。

这些感悟已经帮助了不少年轻人。"职场感悟"这门课程已经成为众多每年初入职场的人的必修课。

6.4.3 实用的经验

迈克斯·海因德尔说过，"经验是有关于行为后果的一种知识"。换句话说，经验是经过实践总结出来的知识。知识是传承的重要内容。正如菲奥娜·默登所说，"没有知识的传承，社会无法发展到如今的地步"。[10]

如果我们每个人都可以把自己的经验积累起来、分享出来、传播开来,就是在为社会做贡献。

经验往往是从不断思考、实践或解决问题的过程中获得的。一旦获得这些经验,你将形成自己的思维,并指导自己的行动,有效规避风险。

就以我自己为例,我是一名内训师,经常需要讲课,有时一讲就是一两天。有的时候,我的身体会释放出各种疲劳的信号,感觉吃不消。当我充分认识到,如果没有好的身体根本无法从事内训师的工作时,我开始认真思考和实践,努力寻找方法解决这些问题。

这里,与大家分享 5 个重要理论(见表 6-5)。

表 6-5　重要理论清单示例表

序号	理论	简称	简要说明
1	两线相交理论	后来者居上理论	落后的人不要气馁,仍有赶上和超过他人的机会
2	两圆相交理论	懂得放弃理论	人的时间和精力是有限的。如果一个人做一件事时还想着另一件事,那么,哪件事都做不好
3	冰山和皮球理论	以小见大理论	一个人要有内涵,不要浮于表面,要善于挖掘人和事背后的东西
4	土包理论	差异化优势理论	努力让自己的多种优势相互借力,形成合力,让自己快速脱颖而出,具有竞争性优势
5	人生选择五法则	选择理论	想做、可控、持续、有益、传承

关于这 5 个理论，有许多人问过我："你是怎么想到的？"确实，每个理论都有其背后的故事。关于理论起因、思考过程和实践结果请见延伸阅读。

延伸阅读

1. 两线相交理论：后来者居上理论

起因

女儿小学时，她的成绩排名总是处于班级的最后。她经常给自己找理由，说因为她出生在 8 月，属于班里最小的，这也成了她当时习惯找的借口。记得有一次考试，她是班上的倒数第二名，她跟我说："某同学还在我后面呢。"当时我觉得又好笑又好气。好笑的是，她的心态也太好了吧？生气的是，她也太没有上进心了吧？

过程

我当时不断思考以下两个问题。

（1）如何让孩子在落后的情况下不气馁？

（2）如何让孩子知道后来者也可以居上？

某一天做市场分析时，两线相交的图给我带来了灵感。市场分析中，两线相交通常用于分析某个业务的收入在哪个时点超过了另一个业务的收入。

我突然意识到这可以用来解决我思考的两个问题。

我开始把这个理论讲给女儿听:"只要你更努力,步伐更快一些,你迟早会变得更好。"后来,我把这个理论称作"后来者居上理论"。

结果

无论在完成学业上还是工作上,女儿始终坚信这个理论,相信后来者可以居上。可喜的是,她每次都能够在很短的时间内从后面追赶上来,让自己变得更好。

2.两圆相交理论:懂得放弃理论

起因

女儿以前做事情,总是想着前面一件事或某件事哪里做错了、哪里可以做得更好,总是不能专心于当下正在做的这件事,结果因为长时间沉浸在过去的事中,当下的事情也没做好。

过程

如何让孩子做事拿得起、放得下?

如何引导孩子在做事情时,不要做着这个,同时还想着那个?如果二者都想要,很有可能出现哪头都没有顾好、浪费时间、做无用功的情况。我想到了两圆相交的情形。我们知道,两个圆相交,中间一定会有阴影,于是我就把阴影部分看作浪费的时间。我们应该努力不让阴影出现,保证全身心地投入每一项工作和学习。后来,我把两圆相交理论称作"懂得放弃理论"。

结果

女儿在这方面改变了很多,不再做着这个、想着那个,学习

第 6 章 行动力：成就知行合一

和工作效率得到了很大提高，尤其是大学 4 年，她借助对每件事情的专注力以及时间管理能力，完成了 150 学时的课程，获得了会计和金融双学位，并获得"最优异学业成绩"（Summa Cum Laude）的荣誉。

在她成为两个孩子的妈妈后，仍能做到工作和生活两不误，甚至做到工作、生活、学习三不误。在她 30 岁那年，正值疫情，两个孩子在家需要照顾，她同时还需要工作和学习，但她以出色的表现被提拔为某酒店投资公司的总监，同年，获得瑞士洛桑酒店管理学院 MBA 的录取通知书。

3. 冰山和皮球理论：以小见大理论

起因

希望孩子能关注细节，提升能力，培养良好的习惯，养成良好的心态，具有成熟的心智，让人从每一件小事情上看到她的多个闪光点。

过程

如何才能让孩子懂得以小见大的道理呢？我觉得冰山的例子应该最能让孩子明白这个道理。同时，我还想到了水上皮球。与冰山不同的是，水上皮球只会漂浮在水面上，而水下什么都没有。然而，冰山露在水上的部分只占冰山总体积的大约 12.6%，而剩下 87.4% 的部分都在水下。我不断引导孩子要做冰山，而不是做水上皮球，鼓励她多学、多积累、多发现别人的优点，并积极向别人学习，让自己更加丰满。我后来又把这个理论称作"以小见大理论"。

结果

女儿初中时原本800米跑步的成绩是不及格，之后经过长时间的带沙包跑步训练，最后取得年级800米跑步比赛第一名的成绩（冰山上面的东西）。从这件事中我们可以看到孩子在水面下的"冰山"，包括坚持、毅力以及不达目的不罢休的勇气和决心等。女儿还利用大学的假期到德国游学，这也体现了她水面下的"冰山"，包括自我管理能力、愿意尝试新东西、有激情及具有时间管理能力等。

4.土包理论：差异化优势理论

起因

我希望孩子能不断增加自身的优势，并且尽量使自身优势相互关联，以此站得更高、看得更远。

过程

如何才能让孩子的不同优势发生关联、互相借力呢？我想到了山，想到了一个个土包。我跟她说，假如用一个土包来表示你的一个优势，优势越多表明你拥有的土包越多。假设这些土包之间没有关联，那么它们就是几个独立的土包；假设几个土包相互关联或可以相互借力，那么它们很快就会叠加成小土丘，之后会成为小山，甚至成为高山，这意味着你会站得更高，看到更多的风景。到那时，你会离你的梦想更近。

第6章 行动力：成就知行合一

结果

女儿因为具有几个能够相互借力的优势，包括通过注册会计师考试（CPA）、拥有双学位、拥有500强企业实习经历、有游学经历等，从参与普华永道会计师事务所面试的200多名竞聘者中脱颖而出。后来，女儿一直在不断扩大自己的差异化优势，包括既有会计金融知识，又有房地产投资知识；既有内审经验，又有外审经验；既有CPA证书，又有LEED证书；既有乔治城大学房地产投资研究生学位，又有康奈尔大学酒店管理学历。尤其是在工作的锻炼中，她成了会计行业中了解房地产行业的人，房地产行业中了解会计行业的人。她的很多差异化优势成就了她，让她实现了她的第一个人生梦想——成为酒店投资分析师。

5. 人生选择五法则：选择理论

应该说，我的人生选择五法则是我思考最久的理论。这个理论的形成历时16年。

起因

在2000年，我开始寻找自己的人生使命宣言，我只想为社会留下可传承的东西。它就像一个目标，指引着我，但如何到达目标、该如何走，或者说分几步走，我心里没谱。

过程

我清楚地知道，很多人有目标或梦想，但没有思考过如何到达目标，或分几步实现梦想，结果导致目标或梦想一直在那里，或者只能被束之高阁，从来没有实现。因此，没有实现的梦想成了很多人的遗憾。那么，我想为社会留下可传承的东西这个目标该如何落地呢？

经过思考，我觉得，无论你做什么，都应该从想做的开始，能留下可传承的东西是最高追求。只有做你想做的，你才有动力去做。然而，并不是想做的事情都能做或都能做成，其中最重要的原因是许多事情并不可控，你想做未必做得了。同时，你想做的事情有些只是一段时间内可以做，之后就不能做了，那之前的功夫就白费了。还有，有的事情是自己想做的，但未必是有益的，可能做了会伤害自己的身体，或者对家庭、社会没有什么太大的益处，那么不做也罢。可传承的东西一定是长久的、有益的。季羡林说过："人生的意义在于传承。"因此，传承是最高境界，要达到这个境界并不容易。最后，我得出这样一个顺序：想做、可控、持续、有益、传承。这就是前文提到的人生选择五法则。可能有的人会问，似乎将可控、持续、有益这3个词的顺序变换一下也可以呀。实际上，从高效能的角度来看，可控放在前面更加有效。因为可控是一个非常好的衡量指标，容易帮我们做出判断，这样会省去很多时间和精力去想其他因素。相比之下，持续也比有益更容易判断，因为只要判断做此事是否能持续一生做下去就行了。

结果

人生选择五法则一经确定，我就开始用这个法则来选择自己的兴趣爱好，包括书法、画画、唱歌、写书、做培训等。

如今我每次讲课都会与大家分享我的人生选择五法则，因为我希望这个花费 16 年总结出的经验可以帮助更多的人。近几年来，它也确实帮到了许多人，尤其是处在选择路口的人。大家都认为它很实用。

6.4.4　可传承的作品

萧伯纳说过，"人生不是一支短短的蜡烛，而是一支暂时由我们拿着的火炬。我们一定要把它燃得十分光明灿烂，然后交给下一代的人们"。

托尔斯泰说过，"正确的道路是这样的，吸取你的前辈所做的一切，然后再往前走"。

每一个人都应该成为拿着火炬的人。火炬的使命是照亮别人，传递光明。可传承的作品就是能将你得到的有价值、充满正能量的东西传播出去、传递下去的作品。

可传承的作品是可感知的结果的最好表现。在我看来，一本书就属于可传承的作品，是对可感知的作品的有力体现。

案例 6-2：以出书为例

我的人生目标是成为一个有所传承的人。于是，我把出书作为收获可感知成果的重要体现。2012 年，我出版了第一本书，从那开始，我给自己设定了阶段性目标，即在退休前，每两年出版一本书。自 2012 年起，10 年来，我已先后出版了《66348，女儿成长密码》[5]（2012 年）、《职场感悟》[14]（2014 年）、《采购那些年，采购那些事》[11]（2016 年）、《人到中年，依然如华：中年幸福指南》[44]（2018 年）、《高效能管理思考与实践》[27]（2020 年），以及呈现在大家面前的这本书，共 6 本。在明确的目标的指引下，我的愿望得以实现（见表 6-6）。

表 6-6 正式出版的书籍列表

序号	可传承的作品	完成时间	内容提要
1	《66348，女儿成长密码》	2012	讲述 6 种习惯、6 个能力、3 个角色、4 种心态、8 个选择
2	《职场感悟》	2014	针对初入职场的人们的 20 个困惑给出解决方案
3	《采购那些年，采购那些事》	2016	讲述采购管理的 4 大法宝
4	《人到中年，依然如华》	2018	讲述中年幸福的 10 大秘诀
5	《高效能管理思考与实践》	2020	讲述高效能管理的 27 条经验
6	《思考+》	2022	讲述思考带来的 6 大力量

不断的行动才会带来不断的成果，不断的成果的累积才会带来不断的改变。正如《习惯陷阱》一书作者提到的："如果你的愿望与行动不匹配，就不会出现自己想要的变化。""懂得百点不如改变一点。真正的成长不在于自己懂得了多少道理，而在于自己

改变了多少。"[45]

有这样一个故事：兄妹三人，大妹被父亲认为是最不聪明的那个，但她是最努力的那个，并且学了就会马上开始行动。她读书并不多，但对于学到的知识，她会转化成自己的思维方式，并开始行动。例如，学了《高效能人士的七个习惯》，就努力去实践，并把它们转化成自己的行动，坚持了20多年，影响了很多人。后来她成了某大型企业"七个习惯"课程的特聘讲师。

我通过亲身经历，证实了行动带给我的巨大改变。

案例6-3：以自身改变为例

这里，我列举了30多年来思考与实践带给我的7个重大变化（见表6-7）。

表6-7　思考与实践带来的变化示例表

序号	过去的自己	更好的自己
1	不爱思考	有质量地思考
2	喜怒哀乐都表现出来	不将负面情绪传给他人
3	没有目标	有明确目标
4	做事跟着感觉走	做事有明确的原则
5	只看事情的表面	善于挖掘背后的东西
6	做事急躁	从容、淡定
7	不善总结	善于总结

我相信，每个人回望自己走过的路时，都会发现自己的成长。

希望每一个年轻人能在工作了 2 年、5 年、10 年的时候，坐下来认真回想一下自己身上发生的变化，以便在你的未来成长中找到乐趣、提升信心，进一步明确前进方向，走出一条属于自己的路。

收获成果的最好证明是获得成就感。

成为知行合一的人是提升行动的最高目标。《认知觉醒》中有一句话我非常认同：细数这世上的难事，"知行合一"肯定算一条。

6.5 小结

行动力有 3 个基本要素：明确目标，快速行动，取得成果。三者呈递进关系，目标决定行动，行动决定结果；同时，三者也是闭环关系，有了成果才会让你有信心制定下一个目标。

没有目标的行动，就是盲目行动，也不会有好结果。有目标，没有快速行动，会错失良机，进而得不到想要的结果。简单地说，行动的目的就是有结果。

行动是连接目标和结果的中间件，是重要的一环。缺少这一环，就会掉链子。换句话说，没有行动，目标永远不会实现。

一个人是否具有行动力，需要用结果说话，尤其要用见得到的结果说话。换句话说，衡量行动力高低最直接的方法是看行动后是否输出了可感知的结果。

第 6 章 行动力：成就知行合一

提升行动力需要 4 个重要环节，包括明确目标、做好计划、坚持不懈、收获成果。明确目标是前提，做好计划是关键，坚持不懈是保障，收获成果是体现。

收获的成果往往可以通过 3 个方面来体现，包括自身确定的明确的原则、真实的可以说出的感悟、积累的实用的经验。

思考 + 行动力能让人不断收获新的成果，让人不断产生新的变化，进而让人拥有好的习惯，让人拥有好的品格，直至成就自己的人生。

正如山姆·史迈尔所说："播种思想，收获行动；播种行动，收获习惯；播种习惯，收获品格；播种品格，收获命运。"

提升行动力不是一蹴而就的。提升行动力收获的最好的成果是能成为一个知行合一的人，同时能够有所传承。

参考文献

[1] 松浦弥太郎. 超越期待：松浦弥太郎的人生经营原则 [M]. 王蕾，译. 北京：人民邮电出版社，2022.

[2] 周岭. 认知觉醒：开启自我改变的原动力 [M]. 北京：人民邮电出版社，2020.

[3] 粥左罗. 学会写作：自我进阶的高效方法 [M]. 北京：人民邮电出版社，2019.

[4] 克里希那穆提. 一生的学习 [M]. 张南星，译. 深圳：深圳报业集团出版社，2010.

[5] 黎雅. 66348，女儿成长密码 [M]. 北京：人民邮电出版社，2012.

[6] 史蒂芬·柯维. 高效能人士的七个习惯 [M]. 高新勇，王亦兵，葛雪蕾，译. 北京：中国青年出版社，2015.

[7] 刘卫华，张欣武. 哈佛女孩刘亦婷：素质培养纪实 [M]. 北京：作家出版社，2009.

[8] 尹建莉. 好妈妈胜过好老师 [M]. 北京：作家出版社，2017.

[9] 蔡美儿. 虎妈战歌：耶鲁法学院教授的育儿战争 [M]. 张新华，

译. 北京：中信出版社，2011.

[10] 菲奥娜·默登. 镜映思维：人在社会中的自我形成 [M]. 李菲，译. 北京：人民邮电出版社，2021.

[11] 章玫. 采购那些年，采购那些事：一位资深采购管理者的八年实践经验总结 [M]. 北京：人民邮电出版社，2016.

[12] 郑渊洁. 想象力是成功的源泉 [M]. 北京：中信出版社，2020.

[13] 大卫·科顿. 聪明人的魔法箱：68个工具快速解决问题 [M]. 王小皓，译. 北京：人民邮电出版社，2021.

[14] 黎雅. 职场感悟：写给初入职场的人们 [M]. 北京：人民邮电出版社，2014.

[15] 赵涵. 涵解：无畏真实 [M]. 北京：人民邮电出版社，2021.

[16] 斋藤孝. 规划力：如何清晰预见成功轨迹 [M]. 曹姮，黄桂，译. 南昌：江西人民出版社，2018.

[17] 师蕾清. 规划力：走对人生每一步 [M]. 北京：人民日报出版社，2020.

[18] 谢春霖. 认知红利 [M]. 北京：机械工业出版社，2019.

[19] 吴军. 格局：世界永远不缺聪明人 [M]. 北京：中信出版社，2019.

[20] 沧海满月. 世界顶级思维 [M]. 江西：江西人民出版社，2017.

[21] 稻盛和夫. 斗魂：稻盛和夫的成功热情 [M]. 曹岫云，译. 北京：人民邮电出版社，2021.

[22] 张维扬. 情绪，请开门：放出困在情绪中的自己 [M]. 北京：人民邮电出版社，2021.

[23] 维克多·弗兰克尔.生命的探问：弗兰克尔谈生命的意义与价值[M].李仑，译.北京：人民邮电出版社，2021.

[24] 叶舟.把你的情商用起来：原地激活你沉睡多年的情商[M].南昌：江西人民出版社，2017.

[25] 樊登.陪孩子终身成长[M].北京：中国友谊出版公司，2020.

[26] 瑞·达利欧.原则：应对变化中的世界秩序[M].崔苹苹，刘波，译.北京：中信出版社，2022.

[27] 黎雅.高效能管理思考与实践：108字箴言[M].北京：电子工业出版社，2020.

[28] 莫·卡里克，凯美·达纳韦.适配：领英推荐的快乐工作法[M].李炬，周晓军，佟怡，译.北京：人民邮电出版社，2018.

[29] 戴尔·卡耐基.人性的弱点：如何赢得友谊并影响他人[M].韩文桥，译.北京：中信出版社，2018.

[30] M.斯科特·派克.少有人走的路：心智成熟的旅程[M].于海生，严冬冬，译.北京：北京联合出版公司，2020.

[31] 陈忻.整体养育[M].北京：中信出版集团，2020.

[32] 戴尔·卡耐基.找回快乐的自己：如何停止忧虑，开创幸福人生[M].肖文键，马剑涛，译.北京：中国华侨出版社，2012.

[33] 戴尔·卡耐基.人性的优点：如何停止忧虑，开创人生[M].高敬，译.石家庄：河北人民出版社，2014.

[34] 拉尔夫·克内格曼斯.敏捷人才：选拔未来顶尖人才的9个步骤[M].尹湛棠，译.上海：上海交通大学出版社，2021.

[35] 爱德华·德·博诺.六顶思考帽：如何简单而高效的思考[M].

马睿，译. 北京：中信出版社，2016.

[36] 威廉 J. 瑟勒，玛丽莎 L. 贝尔，约瑟夫 P. 梅泽. 沟通力：高效人际关系的构建和维护（原书第 11 版)[M]. 张豫，译. 北京：人民邮电出版社，2021.

[37] 成杰. 没有如果，只有结果 [M]. 北京：中华工商联合出版社，2013.

[38] 罗杰·道森. 赢在决策力 [M]. 刘祥亚，译. 重庆：重庆出版社，2010.

[39] 子志. 做你想做的事 [M]. 北京：中国言实出版社，2006.

[40] 约翰·C. 马克斯维尔. 差异优势：制造差异才是脱颖而出的关键 [M]. 叶红婷，译. 长沙：湖南文艺出版社，2019.

[41] 李梦媛. 极简行动力：每天干好 1 件事 [M]. 北京：水利水电出版社，2021.

[42] 李原. 墨菲定律：世界上最有趣最有用的定律 [M]. 天津：中国华侨出版社，2013.

[43] 稻盛和夫. 六项精进 [M]. 曹岫云，译. 北京：人民邮电出版社，2021.

[44] 黎雅. 人到中年，依然如华：中年幸福指南 [M]. 北京：人民邮电出版社，2018.

[45] 椎原崇. 习惯陷阱 [M]. 李玲，译. 北京：人民邮电出版社，2020.

读者来信

很高兴看到黎雅老师的新作《思考+：6种力量成就更好的自己》与读者朋友们见面。相信它一定能在你成长道路上的关键时刻提供关键的帮助！黎雅老师的思考方法非常"接地气"，为什么这么说呢？因为书里讲到的问题和思考方法会让你在阅读过程中不断联系自身实际情况，随之产生共鸣，然后形成共振，最终达成共识。

还记得，在2002年年初识黎雅老师的时候，我刚刚离开部队进入社会。可以说那时的我正处在一个从部队向企业、从军人向企业员工转变的困惑阶段，那个时候，我有幸认识了黎雅老师。有一件"小事"让我印象特别深刻。那个时候我们正在筹备组建一个全新的团队并进行市场开拓，黎雅老师就是主管领导。在一次培训会后的综合考试中，由于疏忽，考卷只印了最后一篇（意见建议及思考部分），发试卷时才发现。我是负责组织培训工作的，当时我紧张到蹲在地上站不起来了。黎雅老师得知此事后，没有丝毫责怪和慌乱,而是说,让学员们先做最后一篇吧,你们去补印前几篇。事后,我忐忑地等着严厉的批评。但是在总结会上,黎雅老师说:"大家有没有发现,这次学员们的意见建议及思考写得特别好!你们知道为什么吗?"说实话,我当时是蒙的,不明白领导说这件事的原因。后来黎雅老师说,正是因为这次印卷失误,学员们才有了更充分的时间好好思考,把原本可能随便写写的部分变成了重要的部分。所以,遇到问题,不应先急着纠正错误、追责批评、解释争论,而应以原则为中心,找到关键点,而我们本次培训的关键不正在于此吗?

多年后,我在聆听黎雅老师"思考的力量"课程时,回想起这件事,当时黎雅老师正是运用了"情绪力"很好地控制了自己和团队人员的想法,从而达到目标的。所以,黎雅老师的理论不是"鸡汤"而是"汤勺",而且是通过自己总结、实践、再总结、再实践得出的,问题、场景和方法都很具体,我们在学习操作中甚至可以简单地"照此办理"!

可以说,是黎雅老师一直以来在方向上的指引,在方法上的言传身教,在思考上的训练实践,让我一点一点从一个有执行力的"士兵"转变成一名有思考力的团队管理者。

2014年,我当了妈妈,有了两个可爱的女儿,一时间,对孩子的教育成为我当下的重点。而作为新手妈妈,紧张、慌乱和盲目让我一度陷入焦虑,怕错过孩子关键时期的教育、怕孩子输在起跑线上、怕自己误导了孩子,总之有各种害怕!后来,我再一次运用黎雅老师的思考方法,稳住了神、定住了性、拿定了主意。

还记得那个午后,我和黎雅老师在茶餐厅里讨论教育孩子的话题,我们从兴趣培养聊到学科教育,从公立教育聊到国际学校,从时间分配聊到阶段规划,我握着的奶茶早已冷了,但脑子里的思绪还在不断翻涌,心里的情绪不断波动,身体里的热血不断升温。后来黎雅老师给我做了一次一对一咨询,提出 8 个既简单又困难的问题。为什么说既简单又困难?是因为问题听起来很平常、简单,但答起来十分困难,甚至我发现对于这些简单又重要的问题的答案,我居然并没有自己认为的那样清晰明了。这次谈话后我想了很久,不仅想孩子的人生目标,也想自己的人生目标,我意识到了人生目标的重要性!后来同样是在黎雅老师"思考的力量"课程中,我找到了制定人生目标的要义,即规划力:有的放矢走好每一步。

在我家现在的家庭对话中,经常会出现这样的问答:妈妈,今天我们有什么安排?妈妈,以后我想当画家,因为我可以把看到的都画下来给其他地方的小朋友看。妈妈,再学几次课我们就可以考二级了,然后是三级,然后我们就可以自由地演奏了,真是太棒了!

是的,真是太棒了!当你用对了方法,你就会看到改变,收获成长!当我们有了共同的目标,我们就会朝着一个方向走,实现我们的梦想。

黎雅老师的"思考的力量""女儿成长密码""高效能思考与实践"等课程带给我很多收获,她的"人生选择五法则、土包理论、冰山和皮球理论、人生目标"等都给予我很大的帮助,也带给我和我的家人很多改变,甚至很多次指导我做出人生选择。在这里,我非常想向黎雅老师表示感谢,感谢她带给我的心灵抚慰,给我成长的指引,给我前进的力量!

这里,我还想对广大读者朋友们说,方法不在多,重在好用;理论不在深,重在清晰;道理不在大,重在明了!

非常推荐大家阅读黎雅老师的《思考+》,相信它一定能给你们带来思考的力量,激发你们的思考,期待你们思考出更多的精彩!

潘妮儿

2022 年 3 月

后记

思考绝不是随便想一想,而应该是有质量的。有质量的思考应该是针对实际想做的事去主动思考、深入思考、全面思考和系统思考。

我一直在用自身30多年来的思考与实践感受着思考带来的变化。

思考,让我实现了三大转变:一是实现了从不爱思考到开始思考的转变,二是实现了从开始思考到爱上思考的转变,三是实现了从爱上思考到有质量地思考的转变。

思考,让我在诸多方面变得更好。让我从一个不知道自己想要什么、更不知道自己想做什么的人,成为一个对自己有较好认知的人,并逐渐找到了自己的人生使命宣言:做一个有所传承的人。思考让我从一个没有明确目标、更不知道如何实现目标的人,成为一个有规划地实现目标的人,并让我逐渐实现了之前想做但一直没有去做的多个目标,比如写书、翻译、画画、练书法、唱歌、录音频等。思考让我从一个喜怒哀乐都形于色、更不知道顾及别人感受的人，成为一个能够控制自我情绪的人，并逐渐变得乐观向上、悦人悦己、优雅富足、充满正能量。思考让我从一个没有想法、更不知道如何在短时间内有更多想法的人，成为一个能够敏捷地想出新颖的点子的人，并逐渐成了能够引发大家更多思考的优秀的集团级特聘内训师。思考让我从一个遇到重大选择不知如何拍板、更不知道是否会有更好的方法的人，成为一个有自己决策方法的人，并让我逐渐找到了有效的决策方法，比如人生选择五法则、决策六因素法等。思考让我从一个只知道学不知道应用、更不知道如何学以致用的人，成为一个有20多年思考与实践的人，并逐渐成为高效能管理的思考与实践者和追求知行合一的人。

思考，让我有机会做出更好的人生选择，让我走出了一条属于自己的路。

引用《涵解：无畏真实》中的一句话："人生的精彩不是你得到了什么，而是你经历了什么。感恩自己，取悦自己，不用费心钻营，更无须讨好世界。我们呈现的一切智慧都是从自己的真诚心、清净心中生出来的。"[15]

思考的力量是巨大的，是绝对不容小觑的！

这些年来，当有人评价我是"一个知行合一的人""一个优雅

后记

的人""一个心态富足的人""一个高效能人士"的时候,我非常感恩。尽管我知道自己做得还不够,但他们的评价激励了我,给了我巨大的动力,让我更加坚信思考能带给人力量,让我更加坚定地在思考+的道路上砥砺前行。

只要坚持思考、坚持有质量地思考,每个人都会走出一条属于自己的路,成就一个不一样的自己,成就一个更好的自己。

感谢在本书出版过程中给予过我信任、理解、鼓励、帮助和支持的所有人!是你们成就了这本书。

特别感谢我的女儿,她的许多关于思考的故事,让我坚定了写这本书的信心。她的成长经历让我深刻感受到,思考对于19—35岁的人来说是如此重要并且关键。思考可以让人活得更加精彩,而且无怨无悔。

非常感谢 YP、LM、PP、YL、CB 为本书添彩!非常感谢 WB、XW 和 XWY 在本书写作和出版过程中给予的支持与帮助!

衷心感谢刘艳静和郑连娟老师,是她们,让本书很好地呈现,让更多的人得以看到。

黎 雅

2022 年 3 月